Ken Jennings · John Stahl-Wert

Zehntausend Pferde

Ken Jennings · John Stahl-Wert

Zehntausend Pferde

Das Engagement von Mitarbeitern wecken

Aus dem Amerikanischen
von Almuth Dittmar-Kolb

GABAL

Die amerikanische Originalausgabe »Ten Thousand Horses. How Leaders Harness Raw Potential For Extraordinary Results« erschien 2007 bei Berrett-Koehler Publishing, Inc., San Francisco, CA, USA.

Bibliografische Informationen der Deutschen Nationalbibliothek

Die Deutsche Nationalbibliothek verzeichnet diese Publikation in der Deutschen Nationalbibliografie; detaillierte bibliografische Daten sind im Internet über http://dnb.d-nb.de abrufbar.

ISBN 978-3-89749-864-8

Lektorat: Christel Ivo, Maasholm
Umschlaggestaltung: Koemmet Agentur für Kommunikation, Wuppertal | www.koemmet.com
Coverfoto: Okapia KG, Germany
Satz und Layout: Das Herstellungsbüro, Hamburg | www.buch-herstellungsbuero.de
Druck und Bindung: Salzland Druck, Staßfurt

Über aktuelle Neuerscheinungen und Veranstaltungen informiert Sie der GABAL-Newsletter unter www.gabal-verlag.de

Inhalt

Diese kleinen, vergänglichen Körper, die wir jetzt haben, wurden uns geschenkt, wie man Schuljungen Ponys schenkt. Wir müssen lernen zurechtzukommen: nicht, damit wir eines Tages ganz ohne Pferde auskommen, sondern auf dass wir ohne Sattel reiten, zuversichtlich und voller Freude, auf den größeren Rössern, jenen geflügelten, glänzenden Rössern, die die Erde erbeben lassen und uns vielleicht schon jetzt voller Ungeduld stampfend und schnaubend erwarten in den Ställen des Königs.

C. S. Lewis:
»Wunder: möglich – wahrscheinlich – undenkbar?«

Vorwort

Nichts in unserer Arbeit mit Führungspersönlichkeiten aus vielen verschiedenen Branchen bereitet so heftige und häufige Kopfschmerzen wie die leidige Minderleistung von Mitarbeitern. Jeder Firmenchef weiß, dass ein wirklich engagierter Angestellter imstande ist, maßgeblich zum Erfolg des Unternehmens beizutragen. Engagierte Mitarbeiter lassen ihre Motivation erkennen; sie bringen sich voll und ganz in die Arbeit ein – mit ihrem gesamten Potenzial an Erfahrung, Begabung, Fantasie und mit Herz und Hirn.

Leider ist es nur so, dass engagierte Angestellte die Ausnahme darstellen. In jedem Unternehmen ist die Mehrheit der Mitarbeiter unmotiviert, wenn nicht Schlimmeres.

Ihnen als Führungskraft macht das zu schaffen. Einige wenige Ihrer Untergebenen bringen sich voll ein, die meisten aber bleiben lustlos und gehen den Weg des geringsten Widerstands: Sie kommen pünktlich, tun nur, was man von ihnen verlangt, und machen pünktlich Feierabend. Weit davon entfernt, ihr Bestes zu geben, tun sie nur das Allernötigste und kein bisschen mehr.

Über eine Tatsache dürfte sich jeder aufmerksame Chef im Klaren sein: Unachtsamkeit und mangelnde Motivation im Unternehmen führen unweigerlich zu nachlassendem Schwung und verpassten Chancen, den Faktoren, die die vermutlich höchsten Betriebskosten verursachen.

Nach allem, was wir bei unserer Arbeit mit Firmenchefs und Managern von ihnen hören, ist es auch bedauerlich, welche Möglichkeiten bereits verspielt worden sind – und was möglich wäre, wenn unsere Mitarbeiter sich nur einen Ruck geben wollten!

In jüngster Zeit haben bahnbrechende Neuerungen im Management-Denken unser Verständnis von »Mitarbeiter-Engagement« und dessen Auswirkung auf Innovation, Wettbewerbsfähigkeit und Rentabilität vertieft. Was organisatorische Ergebnisse anbelangt, so haben Mitarbeiter, die lediglich Dienst nach Vorschrift tun, so gar nichts mit solchen gemein, die sich aktiv für die Unternehmensziele einsetzen.

Untersuchungen der *Gallup Organization* zeigen beispielsweise, dass nur 29 Prozent der Mitarbeiter motiviert sind (anders ausgedrückt, sie fühlen sich Ihrem Unternehmen verbunden und bringen eigene Ideen zum Wohl der Firma ein). Dagegen zeigen 71 Prozent der Mitarbeiter kein Interesse (sie schlafwandeln durch den Tag, erfüllen nur die elementarsten Erwartungen, schlimmstenfalls mindern sie sogar aktiv die Leistung Ihrer Firma). Nach Adam Riese sind also nur 29 Prozent engagiert, aber bezahlt werden sie alle von Ihnen!

Andererseits zeigen die Untersuchungen, dass Arbeitsgruppen mit einem hohen Motivationsniveau unter den Mitarbeitern eine um 44 Prozent über dem Durchschnitt liegende Verbleibquote aufweisen; die Kundenbindung liegt um 56 Prozent, die Betriebssicherheit um 50 Prozent, die Produktivität um 50 Prozent und die Rentabilität um 33 Prozent höher als der Durchschnitt.

Tatsächlich ist das Mitarbeiter-Desinteresse (und Schlimmeres) allgegenwärtig. Was diese Arbeitsunlust verursacht und wie man sie überwinden kann, wurde bereits gut recherchiert und diagnostiziert, doch bislang hat man wenig unternommen, um die neuen Ergebnisse dieser Untersuchungen in die tägliche Praxis der Unternehmensführung zu übertragen.

Kurzum, ein praktischer Leitfaden für den täglichen Gebrauch, wie man eine Belegschaft in ein wirklich engagiertes Heer von »Leistungswilligen« verwandelt, fehlt noch weitgehend im Repertoire der meisten Unternehmensführer und Manager. Dagegen mangelt es für Hunderttausende von Unternehmens-, Abteilungs- und Arbeitsgruppenleitern nicht an Beweisen, dass Mitarbeiter-Desinteresse als Problem weit verbreitet ist und uns unter dem Strich gewaltige Kosten aufbürdet.

Der Druck des expandierenden Weltmarkts macht diese Aufgabe umso dringlicher. Eine wirklich engagierte Belegschaft bewirkt Wettbewerbsvorteile und Nachhaltigkeit. Künftige Innovationen, auf die eine Volkswirtschaft immer mehr angewiesen ist, erfordern ebenso motivierte Mitarbeiter. Das Problem des Mitarbeiter-Engagements, mit dem sich Firmenchefs konfrontiert sehen, wird sich künftig noch erheblich verschärfen.

Neben der betrieblichen Notwendigkeit des Mitarbeiter-Engagements besteht noch ein umfassenderes gesellschaftliches Problem, das widergespiegelt wird: vergeudetes und weggeworfenes menschliches Potenzial. Das Brachliegen von Energie und Leidenschaft, von Ideen und Begabungen innerhalb einer Gesellschaft stellt einen unkalkulierbar großen und weitgehend verborgenen Kostenfaktor für jede Gemeinschaft dar. »Engagement«, richtig verstanden, ist eine Notwendigkeit, die jeden von uns in allen Lebensbereichen berührt.

Wir schlagen vor, dass Sie diese kurze Geschichte beim ersten Mal ohne Papier und Bleistift lesen. Lassen Sie sich auf sie ein – die Figuren, die Handlung, die Entdeckungen und Schlussfolgerungen. Anhand einiger im Text verteilter Grafiken wird das

Modell vorgestellt, das wir für die Förderung des Mitarbeiter-Engagements verwenden – es ist die von uns so genannte Engagement-Formel, die die Geschichte durchzieht. Allerdings werden diese Grafiken am Ende noch einmal im Ganzen aufgegriffen und gründlich erläutert, darum können Sie sie zunächst gerne überspringen. Ein im Internet verfügbares, kostenloses, vollständiges Arbeitsheft zur Engagements-Planung (Engagement Planning Workbook) führt Sie aus unserer Geschichte fort und in Ihre eigene reale Arbeit als Unternehmensführer.

Wir möchten Sie auch dazu ermutigen, auf die persönlicheren Aspekte dieser Geschichte zu achten. Ohne etwas von der Handlung verraten zu wollen, lässt sich sagen, dass dieses Buch über Engagement im Geschäftsleben auch wichtige Dinge in unserem Leben als Autoren anspricht – Dinge, die uns am Herzen liegen. Wichtig ist hierbei, dass wir Ihnen eine wahre Geschichte erzählen. Die handelnden Personen und ihre Erlebnisse auf diesen Seiten sind uns gut bekannt. Während Namen, Orte und Einzelheiten frei erfunden sind, kennen wir die Menschen aus diesem Buch. Und höchstwahrscheinlich gibt es sie auch in Ihrem Bekanntenkreis.

Die Menschen, die für Sie arbeiten, seien es wenige oder viele, sind imstande, viel mehr als bisher zum Wohl Ihrer Firma beizutragen, zu Ihrem und auch zu deren eigenem Nutzen. Tatsächlich wären die meisten von ihnen gern bereit, *mehr zu tun, beherzter zuzupacken und sich unentbehrlich zu machen!* Ungelogen! Im Stillen sehnen sich die meisten Menschen danach, am Ende eines Arbeitstags – und erst recht am Ende ihres Arbeitslebens – das Gefühl zu haben, dass es der Mühe wert war.

Und Sie sind es, die das bewirken können! Als Firmenchef können Sie den Funken entzünden und auf die Leute, die auf Ihrer Gehaltsliste stehen, überspringen lassen. Nicht nur, dass Sie die

Fähigkeit haben, dies in die Tat umzusetzen, sondern Sie als der Chef sind auch derjenige – ja, auch das bestätigen die wissenschaftlichen Untersuchungen –, der darüber entscheidet, ob es passiert oder nicht. Auf die Führung kommt es an!

Lassen Sie sich von dieser Geschichte und den damit verbundenen Lösungswegen ermutigen und in die Lage versetzen, heute noch damit zu beginnen!

John Stahl-Wert
Ken Jennings
Pittsburgh, Pennsylvania
April 2007

Am Ende

Matt James hatte seinen Kopf auf den Konferenztisch im Vorstandszimmer fallen lassen, seine Stirn gegen die dunkel glänzende Mahagoniplatte gepresst, seine Hände wie zum Gebet gefaltet. Er war allein, sein stummes Flehen ohne ein Gegenüber. Sein Chef und die leitenden Angestellten des Unternehmens hatten das Meeting vor einer halben Stunde beendet und ihn dem Grübeln über das Ausmaß seines Absturzes und ihr Ultimatum überlassen. Sie hatten ihm noch eine allerletzte Chance eingeräumt, um seiner lahmen Abteilung endlich Feuer zu machen, und ganz zum Schluss hatten einige sogar noch ein paar hoffnungsvolle und aufmunternde Worte gefunden. Sie würden weiter an ihm festhalten, weil sie an ihn glaubten und absolut sicher seien, dass er sein 22-Mann-Team wieder auf Vordermann bringen und »all das großartige Talent«, das derzeit brachlag, erschließen könne – dann würde er bestimmt greifbare Ergebnisse erzielen!

Aber Matt war sich sicher, dass er das nicht konnte. Schließlich hatte er bereits alle ihm bekannten Methoden ausprobiert und seine Abteilung hatte trotzdem nichts aufzuweisen als zwei Jahre ständiger Verluste an Werbekunden und Profit. Auch wenn der Vorstand bekundet hatte, man glaube an ihn – die Gesichter hatten eine andere Sprache gesprochen. Ihre gemeinsame Vertrauenserklärung war den Herren nicht leicht gefallen; ihr Lächeln und das zustimmende Nicken war nur dank einer deutlich sichtbaren Anstrengung ihrer Gesichtsmuskeln zustande gekommen. Er konnte ihnen deswegen keinen Vorwurf machen. Denn wenn er ehrlich war, glaubte er selbst nicht mehr an sich.

Matt schloss die Augen und drückte seine Stirn noch fester auf die Tischplatte. Während seiner kurzen, wenig ruhmreichen Zeit als neuester »aufgehender Stern am Firmenhimmel« hatte er zweimal Personalkürzungen veranlasst. Er hatte erfahrene Berater von außerhalb hinzugezogen und einen größeren Strategiewechsel eingeleitet – aber nichts davon hatte etwas gebracht. Seine Abteilung bei der *Lumina Communications Corporation* ließ sich bestenfalls als schwerfällig bezeichnen. Das große Potenzial, das er in seinen Mitarbeitern gesehen hatte, war nicht zum Tragen gekommen. Es schien, als wäre ihnen alles gleichgültig; ihre gerade noch als ausreichend zu bezeichnenden Leistungen waren keinen Deut besser, als es von einem lahmen Haufen zu erwarten war, der nur die Zeit totschlägt – und oft sogar noch schlechter.

Am schlimmsten aber war für ihn, dass ganz zu Anfang, als er die Abteilung übernommen hatte, seine Leute noch gute Leistungen erbrachten. Er hatte den Eindruck gehabt, dass sie von seiner Ernennung zum Teamleiter begeistert waren und wirklich an ihn glaubten – doch nur für kurze Zeit.

Dann ließ ihr Elan nach. Einer nach dem anderen trat den inneren Rückzug an. Während die Mitglieder seines Teams sich anfangs noch voll in ihre Arbeit eingebracht hatten, schienen sie jetzt nichts als kümmerliche Reste ihrer Energie aufzubieten.

Und nun stand Matts Job auf dem Spiel. Auch wenn er gerade eine »letzte Chance« bekommen hatte, so war doch sonnenklar, dass dies nur das unumgängliche Mittel war, um ihn endgültig abzuservieren. Kein Zweifel, dachte Matt. Er war am Ende.

2700 Kilometer weiter westlich konzentrierte sich David Butler auf eine Art zeitlosen Tanz, seine Cowboystiefel bewegten sich dabei auf dem staubigen Boden in einem einschläfernden Rhythmus im Kreis um seinen neuen Partner herum – einen extrem nervösen Mustanghengst. Davids Haltung war ganz locker, der Mustang wirkte argwöhnisch und angespannt. David ging jeweils einige Schritte langsam geradeaus, parallel zur linken Flanke des Tieres, und ließ ihm dabei immer den Weg nach vorn offen. Dazu sprach er die ganze Zeit leise auf ihn ein. Sobald das Pferd mit gespitzten Ohren Kopf und Hals nach oben streckte, hielt David in der Bewegung inne und wartete, bis sich die Panik des Tiers gelegt hatte. Wenn aber der Mustang ein oder zwei Schritte vorwärts ging, um zu testen, ob sein Weg in die Freiheit noch offen war, bewegte sich David in fast die gleiche Richtung wie das Pferd, wobei er ihm leicht den Rücken zuwandte, ging dann aber noch einige Schritte weiter, wie um ihm anzubieten, die Führung zu übernehmen. »Nein, mein Junge, ich will dich nicht in die Enge treiben«, sagte er dabei mit ruhiger Stimme. »Siehst du? Ich gehe nur ein paar Schritte vor dir her. Du kannst auf deinem eigenen Weg bleiben oder mir folgen, ganz wie du willst.«

David und der Mustang befanden sich in einem roh gezimmerten Korral inmitten eines hochgelegenen, weiten Graslands. Im Westen bildeten die steilen, schneebedeckten Gipfel der Rampart Range den Hintergrund der kargen Landschaft. Unter dem tiefblauen Himmel voller dichter, leuchtender Wolken wirkten Mensch und Pferd klein und schutzlos der rauen, wilden Schönheit der Natur ausgesetzt.

»So ist es gut, mein Junge«, sagte David ruhig und ermutigend, als der Mustang bei Davids nächstem Führungsangebot die Richtung änderte und ein paar Schritte hinter ihm herging. »Das machst du gut«, wiederholte er. »Sehr gut für den Anfang!«

Urplötzlich sprang Matt James auf, so plötzlich, als hätte ein Puppenspieler die Fäden einer Marionette gezogen. Hoch aufgerichtet, mit zurückgezogenen Schultern blieb er stehen und blickte nach draußen in die Ferne, dabei flackerte in seinem Blick so etwas wie ein Anflug neuer Hoffnung.

Unverhofft hatte er vor seinem inneren Auge das Gesicht seines alten Mentors gesehen und sich ihm in seiner tiefen Verzweiflung zugewandt. *Nein, dies ist nicht das Ende, Matt*, hörte er David mit seiner gewohnt guten Laune sagen, die ihn immer angesteckt hatte. *Im Gegenteil, mein Junge, es ist ein Anfang!*

Ja, genau das würde David sagen, überlegte Matt und in ihm gewann die Überzeugung Raum, dass er einen wirklich ausgezeichneten Einfall gehabt hatte. Sein früherer Mentor, David Butler, inzwischen pensioniert, einst als Firmensanierer im Geschäftsleben berühmt, hätte sich so ausgedrückt. Man brauchte ihn nur in einen Raum voller verzweifelter Vorstände oder Angestellter zu bringen und ihm in wenigen Worten mitzuteilen, wie schlecht die Lage sei – und schon zuckte David mit den Schultern, setzte sein gelassenes »Alles schon mal da gewesen«-Lächeln auf und verkündete, dies sei der Ausgangspunkt, von dem man zu neuen Ufern aufbrechen werde, die Gelegenheit zum Neuanfang.

Matts Energie kehrte zurück, er verließ den Sitzungssaal mit langen Schritten, drückte auf den Fahrstuhlknopf und fuhr drei Stockwerke abwärts in den 43. Stock, den Sitz seiner Abteilung. Das Meeting hatte zwar erst am späten Nachmittag stattgefunden, doch als »alte Häsin« würde Deb bestimmt noch an ihrem Schreibtisch sitzen. Wer schon so lange das Privileg hatte, einem leitenden Werbemann in Midtown Manhattan zuzuarbeiten, selbst wenn dieser nur der mittleren Ebene angehörte, der würde seinen Platz nicht vor sechs Uhr verlassen. Entscheidender war die Tatsache, dass Deb schon um einiges länger bei Lumina angestellt war; sie gehörte zu den wenigen, die unverbrüchlich zu ihm hielten. Er konnte von Glück sagen, dass er immer noch auf sie zählen konnte.

»Schön, dass Sie noch da sind, Deb«, rief Matt, als er immer noch schnellen Schrittes um die Ecke zu ihrem Arbeitsplatz kam. »Es geht um David Butler, meinen alten Mentor von der Business School. Sein Name muss irgendwo tief in meinem Kontakte-Ordner stecken, aber es ist schon lange her und ich habe keine Ahnung, wo er inzwischen abgeblieben ist.« Ohne stehen zu bleiben, lächelte Matt Deb zu und gab ihr damit zu verstehen, dass er hundertprozentig sicher war, dass sie diese Aufgabe lösen würde. »Könnten Sie das für mich herausfinden?«, fragte er, verschwand in seinem eigenen Büro und zog die Tür hinter sich zu.

Deb fand David Butler, genauer gesagt, sie fand seine Ranch. Die weibliche Stimme am anderen Ende, die sich mit Sara Jarrel meldete, klang noch sehr jung. Nein, Mr. Butler dürfe nicht gestört werden, sagte sie – und das, obwohl Debs Ton keinen Zweifel an der Wichtigkeit ihres Anrufs gelassen hatte. »Ein Geschäftsfreund von Mr. Butler«, hatte Deb der Kleinen erklärt. »Mr. Matt James. Es handelt sich um einen Anruf aus New York City.«

Sie hätte genauso gut versuchen können, dieses Cowgirl mit ihren Fähigkeiten, ein Taxi herbeizuschaffen, zu beeindrucken. »David hat gesagt, keine Anrufe, Ma'am«, erwiderte Sara und in ihrer Stimme klang ein fragender Ton an, der auf Deb gemünzt war: *Haben Sie mich nicht verstanden, Sie nervige New Yorker Wichtigtuerin? Ist Ihnen nicht klar, dass die Angelegenheit für uns nicht die geringste Dringlichkeit hat?*

»Wir haben gerade einen neuen Mustang bekommen«, fügte Sara dann hinzu, weil sie eine kleine Erklärung doch für nötig hielt. »Das ist ein ganz Wilder und sie haben gerade erst angefangen. Könnte David Ihren Mann da vielleicht nach dem Abendessen zurückrufen?«, fragte sie dann und notierte sich die Nummer in aller Ruhe. »Er ruft nach Colorado-Zeit an«, fügte sie schließlich noch hinzu, denn sie war sich nicht sicher, ob ihre New Yorker Gesprächspartnerin überhaupt wusste, wie es hier draußen in der wahren Welt zuging.

Deb beendete das Telefonat so schnell und höflich sie konnte, damit ihr nicht noch etwas herausrutschte, das sie später bedauern würde.

»Und, Matt, vergessen Sie bitte nicht, dass Mr. Butler Sie ›nach Colorado-Zeit‹ anrufen wird«, hatte Deb am Ende ihres Berichts über das Gespräch bedeutungsvoll wiederholt und dabei Anführungszeichen in die Luft gekratzt und den Mund zum Anflug eines Lächelns verzogen. Dann war sie wieder zu ihrem Platz gegangen, um ihr Tagwerk zu beenden. Das Weitere musste »ihr Mann da« allein regeln.

»Schönen Abend, Deb«, rief Matt hinter ihr her und grinste über ihre Ausführungen und die erstaunlichen Neuigkeiten, seinen alten Mentor betreffend. Eine Ranch? Colorado? Wilde Mustangs?

Noch am selben Abend meldete sich David bei Matt. Sie führten ein längeres Gespräch und frischten ihre Freundschaft auf, die Matt so viel bedeutet hatte, als er noch Student und David Lehrbeauftragter an der Business School gewesen war. Damals hatte David ein besonderes Interesse an Matt gezeigt und als dieser jetzt detailliert erläuterte, vor welchem Problem er stand, hörte er ihm aufmerksam zu.

»David, ich stehe wie vor einer Wand«, beendete Matt seine Schilderung. »Ich habe schon alles, was ich weiß, probiert, aber nichts hat funktioniert. In meiner Zeit als Verkäufer, als ich nur für mich selbst einzustehen hatte, war ich äußerst erfolgreich. Doch seit meiner Beförderung kommt es mir so vor, als bewegte ich mich auf unbekanntem Terrain. Ich leite jetzt ein ganze Abteilung«, fügte er erläuternd hinzu. »Theoretisch steckt in meinem Team ein Riesentalent, aber in unseren Ergebnissen ist davon nichts zu sehen. Alles, was ich habe, ist das Potenzial. Schlummerndes Potenzial«, schränkte er ein.

»Könntest du herkommen und mir helfen?«, bat er schließlich eindringlich.

Nach längerem Schweigen antwortete David: »Matt, die Sache interessiert mich wirklich und du sowieso. Aber ich kann nicht nach New York kommen.«

»Du brauchst dich selbstverständlich um nichts zu kümmern«, hielt Matt dagegen. »Wir arrangieren die Flüge, du brauchst nur zu sagen, wann es dir passen würde.«

»Um Bequemlichkeit geht's nicht. Aber meine Arbeit ist nun mal hier. Was wir hier zustandebringen, bei unserer Arbeit mit ...« David suchte nach Worten.

»Wilden Pferden«, vollendete Matt den Satz seines früheren Mentors. Er wusste doch schon, womit sich David beschäftigte.

»Klar. Wilde Pferde gehören dazu«, stimmte David ihm zu. »Aber womit wir wirklich arbeiten, ist genau das, was du mir gerade von deiner Arbeit erzählt hast: schlummerndes Potenzial. Was wir hier erreichen, findet nicht im luftleeren Raum, in der Theorie statt. Diese Arbeit kann man nicht nach festen Regeln tun. Sie geschieht in Echtzeit, im persönlichen Kontakt. Ich muss dabei sein.«

Matts Schultern fielen wieder nach vorn. Ausgerechnet Pferde! Sein Mentor hatte seine Prioritäten klargemacht und ihm einen ganz tollen Platz in der Rangfolge eingeräumt – gleich hinter einem Pferdehintern.

Wieder herrschte Schweigen. »Na gut, pass auf«, fing David an. »Warum kommst du nicht einfach hierher? Auf der Ranch habe ich Zeit für dich. Bring deine Daten und Fragen mit und ich werde mein Bestes für dich tun. Danach fliegst du wieder nach New York und wendest an, worüber wir geredet haben. Und wenn du willst, kommst du noch mal her. Wollen doch mal sehen, ob wir nicht bald greifbare Resultate erzielen!«

Die Sache war abgemacht. Matt würde einen Beratervertrag entwerfen, wobei David ihn darauf aufmerksam machte, dass es sich um ein ungewöhnliches Arbeitsverhältnis handele. Matt würde nämlich handfeste Erfahrungen machen – »hands-on«, wie er sich ausdrückte, direkt auf der Ranch. Er würde David bei seiner Arbeit helfen, statt in einem Raum mit Flipcharts herumzusitzen.

»David?«, fragte Matt am Ende des Gesprächs. »Was soll ›hands-on‹ in diesem Fall bedeuten?« Er versuchte es beiläufig klingen zu lassen, aber sein nervöser Unterton verriet ihn.

David lachte vor sich hin. »Das hängt ganz davon ab«, antwortete er geheimnisvoll. »Kennst du die Redensart, wenn man sich auf was gefasst machen soll: ›Halt deinen Hut gut fest‹? Das ist nur ein Beispiel, wofür Hände wirklich bestens geeignet sind, Matt. Sie sind auch gut, um die Zügel in die Hand zu nehmen, aber vielleicht greife ich da schon vor. Also, bring einfach deine Hände mit«, schloss David. »Hier gibt's ne Menge zum Anpacken und ne Menge zum Liebhaben. Wirst schon sehen.«

Vertrauen steigern

Alles um ihn herum war Matt so neu und so fremd, dass er das Gefühl hatte, als sei die Sensibilität seiner fünf Sinne wie auf Knopfdruck verstärkt worden. Zwar war erst eine Woche seit dem Telefongespräch mit David vergangen – eine kurze Woche nur und dann ein stundenlanger Flug –, doch schon kam es ihm vor, als hätte er sich unendlich weit von seinem normalen Leben entfernt. Die Welt, aus der er kam, lag in grauer Ferne.

Sein Flug nach Colorado Springs heute Morgen war ruhig gewesen und als Matt den Parkplatz auf dem Weg zu seinem Mietwagen halb überquert hatte, war er stehen geblieben, hatte seinen Trolley abgestellt und sich umgeschaut. Es erstaunte ihn, wie nah hier der Himmel war, wie blau und wie weit. Er sog die Luft tief ein und dann noch einmal und noch einmal.

Dann war er losgefahren, langsam wie ein Tourist in einer neuen Umgebung oder wie ein Kind bei seinem ersten Ausflug. Er hatte Colorado Springs in nordwestlicher Richtung verlassen, auf einer Straße, die sich um die kolossalen rotbraunen Felsnasen des *Garden of the Gods* wand und stetig anstieg. Im Westen erhob sich fast 4800 Meter hoch der *Pike's Peak*. Und schließlich hatte er die Tafel entdeckt, die zur Einfahrt der »High Summit Ranch« wies und ein kleineres Schild mit der Aufschrift »Mustang-

Adoptionsprogramm«. Er war dem langen Weg, der sich den Berg hinaufschlängelte, bis zur Farm gefolgt und dort hatte ihn David mit einer väterlichen Umarmung willkommen geheißen. Als Nächstes war er in einen großen Speisesaal geführt worden zu einem späten Mittagessen zu zweit und dann nach draußen zu den Pferdeställen der Ranch. In kürzester Zeit hatte er sich vom Nadelstreifenträger zum Urlauber in Jeans verwandelt und nun stand er vor etwas, das seine Sinne endgültig zu überwältigen drohte.

»Sie heißt Jessie«, sagte David und zog den Gurt stramm – offenbar in der Erwartung, dass Matt sich sogleich auf den Rücken des riesigen Pferdes schwingen würde, dem er eben den Sattel aufgelegt hatte. »Das ist ein Pferd«, fügte er verschmitzt hinzu und blickte dabei zu Matt, um seine Reaktion zu sehen.

Matt merkte nichts davon. Direkt vor ihm stand ein gescheckter, roter Gaul, der so groß war, dass er den Kopf in den Nacken legen musste, um dessen abschätzenden Blick zu erwidern.

»Hast du schon mal ein Pferd gesehen?«, machte David weiter.

»Natürlich«, würgte Matt hastig heraus, weil er merkte, dass ihm der Mund offengestanden hatte. Zögernd streckte er die Hand aus und führte sie zu den weichen Nüstern des muskulösen Wesens. Bei der ersten Berührung wieherte Jessie und drückte ihre Nase zutraulich in seine Hand.

»Ich bin bloß noch nie einem Pferd so nah gewesen«, erklärte Matt und zwang sich bewusst zum Weiteratmen.

David lächelte. »Jessie ist eines der sanftesten Pferde auf der Ranch – eines, das nichts übel nimmt. Außerdem hat sie dich soeben in die Liste ihrer Freunde aufgenommen. Also, lass uns ausreiten, okay? Ich möchte dich heute Nachmittag gern mit einigen Leuten bekannt machen.«

Da Widerspruch offensichtlich nutzlos war, steckte Matt seinen Fuß in das Ding, auf das David wies (einen »Steigbügel«, Matt verbuchte den Ausdruck gleich in dem kleinen Kasten in seinem Gedächtnis mit der Aufschrift »Merken!«), hielt sich an dem Anfasser fest, den David ihm zeigte (dem »Horn«), und zog sich ungeschickt in den Sattel. Von Sätteln hatte er schon mal gehört.

Danach befolgte Matt Davids knappe Anweisungen, ahmte dessen Aktionen so gut er konnte nach und brachte auf diese Weise Jessie dazu, sich hinter dem Führungspferd in Bewegung zu setzen.

Er war froh, dass David die ersten fünfzig Meter seines Ausritts nicht beobachtete. Das Lenken des Pferdes kam Matt furchtbar wackelig vor; es erinnerte ihn an das Fahren in einem Autoskooter, der auf jeglichen Lenkversuch nur zeitversetzt und ungenau reagiert.

Matt und David nahmen Kurs auf die gezackten Granitwände, die sich nur ein paar Kilometer westlich des Ranchhauses dramatisch aus dem ebenen Hochland erhoben. Unterwegs fing David zu sprechen an.

»Während meiner frühen Berufsjahre wurde ich als sehr tüchtig angesehen«, sagte David und erzählte Matt damit nichts Neues. Davids Ruf als Mann, der jede Karre erfolgreich aus dem Dreck ziehen kann, war ja der Grund gewesen, warum ihn Matt hatte kennenlernen wollen, ihn Jahre später in der Business School so bewundert hatte und weswegen man David dort als Lehrbeauftragten im MBA-Programm gehalten hatte.

»Ich wusste, wie man Einsparungen macht und Arbeitsplätze abbaut und ich schaffte es immer, dass schnell Ergebnisse unter dem Strich standen.«

Matt hörte zu, doch noch stärker konzentrierte er sich darauf, sich auf seinem Pferd zu halten. Inzwischen ritten sie nämlich nicht mehr auf einem ebenen, freien Weg, sondern auf einem schmalen, steinigen Pfad.

»Irgendwann fiel mir dann aber etwas auf«, fuhr David fort. »Wenn ich sozusagen in den Rückspiegel blickte, merkte ich, dass meine Sanierungsmaßnahmen nichts gebracht hatten. Schon bald nachdem ich von einem Einsatz zum nächsten gewechselt war, begannen meine Ergebnisse sich zu verschlechtern und das Plus, das ich gemacht hatte, löste sich wieder in Nichts auf. Und das passierte jedes einzelne Mal, Matt! Meinen exzellenten Ruf hatte ich der Business-Presse zu verdanken, deren Aufmerksamkeitsspanne bekanntlich sehr kurz ist. In Wirklichkeit waren meine sogenannten Ergebnisse nur blauer Dunst und Vorspiegelung falscher Tatsachen.«

Matt konzentrierte sich wieder auf Davids Äußerungen. Der Pfad, dem ihre Pferde folgten, wurde immer schlechter, doch jetzt nahm Matt Davids Bemerkungen als bedrohlich wahr. Plötzlich blieb Jessie stehen, obwohl Matt sich nicht bewusst war, sie durch irgendetwas dazu veranlasst zu haben.

David zügelte sein eigenes Pferd, bis es zum Stehen kam, und drehte sich fragend nach seinem Freund um. Matt schaffte es nicht, die Besorgnis in seiner Miene zu verbergen, als er dem Mann ins Gesicht sah, den er für seinen Retter gehalten hatte.

»Nicht allein, dass meine sogenannten Sanierungen nur kurzlebig waren, Matt«, fuhr David unbarmherzig fort und drehte sich so im Sattel um, dass er dem Jüngeren direkt ins Gesicht blickte, »sie schadeten auch vielen Menschen.« David war nicht verborgen geblieben, aus welchem Grund Matt sein Pferd unbeabsichtigt zum Stehen gebracht hatte. Genau genommen war es sogar seine Absicht gewesen, das Beratungsgespräch an eben diesem Punkt zu beginnen; er hatte gewusst, dass er damit den

Erwartungen, die sein Klient in ihn setzte, einen Dämpfer verpassen würde.

»Aber ich habe mir damals nichts dabei gedacht – vielleicht war ich sogar der Meinung, dass dies für einen guten Neuanfang unabdingbar war. Wenn meine Bemühungen niemandem wehtaten, dann machte ich sicher etwas falsch – ja, davon war ich damals wirklich überzeugt.«

Matt stellte fest, dass David anders war, als er ihn in Erinnerung hatte. Natürlich war er älter geworden. Matt rechnete kurz nach und kam zu dem erstaunlichen Ergebnis, dass ihr letztes Treffen schon zwanzig Jahre her war. Und als er weiter rechnete, wurde ihm klar, dass der zwanzig Jahre ältere David damals genauso alt gewesen war wie er selbst jetzt. Dieses kleine Rechenexempel und das Geständnis, das David ihm gerade gemacht hatte, sowie seine eigene Unbeholfenheit als Geländereiter bewirkten, dass sich Matthew James' Stimmung verdüsterte.

Wie war es möglich, dass der große Firmensanierer David Butler bereits mit 47 Jahren einen derart erfahrenen, weisen, abgeklärten Eindruck gemacht hatte? Und was noch schlimmer war: Warum verschafften seine eigenen 47 Jahre ihm selbst keinen dieser Vorzüge?

»Ich muss dir etwas sagen, mein Freund«, sagte David und blickte ihm dabei freundlich in die Augen. »Immer wenn wir uns selbst für den großen Retter in der Not halten, haben wir den wenigsten Durchblick von allen.« Er ließ dies einen Augenblick im Raum stehen, dann grinste er breit. »Aber soweit sind wir noch nicht. Auf! Statt zu reden, ist es viel effektiver, dir zu zeigen, was ich meine.«

Und damit setzte sich David wieder in Bewegung, wobei er sein Pferd jetzt schneller gehen ließ als vorher. Mit »Hüh« und »Hott« und Hackenstößen, wie er es aus Western kannte, brachte Matt sein Pferd dazu, hinterherzutraben. Er dachte über David nach und kam zu dem Schluss, dass dieser nicht mehr der Mensch von damals war. Ihn umgab so etwas wie Traurigkeit – oder war es eher Zurückhaltung? Statt der übermütigen und oft aggressiven Art, an die er sich erinnerte, strahlte er jetzt etwas Ernsthaftes, Nachdenkliches oder auch Gelassenes aus.

»Du hast eben gesagt, dass deine Restrukturierungen keine dauerhafte Wirkung hatten«, rief Matt seinem Mentor hinterher. »Was war denn passiert? Also, ich meine …«, er kam ins Stottern, weil er nicht genau wusste, worauf seine Frage zielte, »hast du die Ursache dafür herausgefunden? Doch, natürlich«, fuhr er schnell fort. »Die Artikel über dich, die ich gelesen habe, können ja nicht alle falsch gewesen sein.«

Der Weg war jetzt wieder breiter und Jessie strebte voran, um mit ihrem Pferdekameraden Schritt zu halten, sodass die beiden Reiter jetzt fast nebeneinander ritten. Der Ältere schwieg, er hatte den Kopf gesenkt und seine Schultern fielen etwas nach vorn, als hätte die Frage sich wie ein Gewicht auf seine Schultern gelegt.

»Vorhin habe ich gesagt, dass es gefährlich ist, wenn man sich für den großen Retter hält«, sagte er mit ernster Stimme und blickte Matt an. »Das Nächste kannst du auch gleich in deine Gefahrenliste aufnehmen: Glaube nicht, was über dich in der Presse steht. Was du brauchst, um erfolgreich zu sein, kommt nicht durch einen netten Artikel im *Forbes*-Magazin zustande.«

»Aber was hast du denn nun konkret gemacht?«, drängte Matt in wachsender Verzweiflung darüber, dass sein »rettender Engel« es so gar nicht eilig hatte, sich als Retter zu betätigen.

»Dazu kommen wir noch, mein Freund«, erwiderte David mit nicht mehr ganz so ernster Stimme. »Nur soviel: Was ich gelernt habe, hat meine gesamte Vorstellung von Führung auf den Kopf gestellt – und damit auch mein ganzes Leben.« Er blickte über die Schulter nach hinten zu Matt, um seine Augen kräuselten sich Lachfältchen. »Hüa!«, rief er dann mit rauer Stimme und sein Pferd fiel sofort in eine schnellere Gangart. Wie durch ein Wunder folgte Jessie seinem Beispiel. Die Stute schien auf irgendeine Weise zu wissen, dass die ungeschickten, zappeligen Bewegungen auf ihrem Rücken nicht dagegen sprachen, mit ihrem Pferdekameraden Schritt zu halten.

Matt blickte kurz von dem Sattelhorn auf, an das er sich mit aller Kraft klammerte. Der Boden glitt nebelhaft verschwommen unter ihm hinweg wie die Strömung eines schnellen Flusses. Er kämpfte gegen den Schwindel an, den dieser Anblick in ihm auslöste, und als er wieder nach vorn blickte, stellte er erschrocken fest, dass sie schon ziemlich nah an einer schroffen Felswand waren.

»Pferde kommen ganz schön schnell voran«, bemerkte er in dem Versuch, sich wieder zu fassen und zur Ruhe zu zwingen.

Davids Mundwinkel verzogen sich zu einem Grinsen. Er wusste genau, wie Matt sich fühlte, und konnte sich noch gut an seine eigenen Ängste vor einigen Jahren erinnern. »Du machst das sehr gut, mein Junge«, rief er nach hinten, jedoch ohne den Kopf zu drehen, damit Matt seine heitere Miene nicht sah. Sonst würde er noch glauben, er lachte ihn aus, dabei tat er das durchaus nicht.

Als die beiden Reiter sich ihrem Ziel näherten, waren von weiter oben gedämpfte Rufe zu vernehmen. Je näher sie kamen, desto mehr schwoll der Lärm aus Schreien, Pfiffen und Händeklatschen an. Als sie nur noch ein paar hundert Meter entfernt waren, hüllte sie ein vielstimmiger Chor aus Beifallsrufen und Gelächter ein. Matt hatte seit seiner Schulzeit nicht mehr so viele Kinder auf einem Haufen gesehen und blickte fragend zu David hinüber.

Auf der Auffahrt zur Ranch war ihm niemand begegnet, der Speisesaal war leer gewesen und während ihres Ritts hatten sie auch niemanden gesehen. Auf Pferde war er eingestellt gewesen und natürlich auch auf ein paar Cowboys. Aber Kinder und Jugendliche? Und speziell diese? Die Zusammensetzung der Gruppe war wirklich erstaunlich – Weiße, Asiaten, Afroamerikaner und Latinos, alles gemischt –, aber es handelte sich wohl kaum um den Honors Club der Vereinten Nationen. Ein Junge fiel Matt besonders auf, als er mit David näher ritt. Eines seiner Ohren war am ganzen Rand dicht an dicht mit Ohrringen besetzt, außerdem trug er noch eine Reihe von anderen Ansteckern und Ringen an Augenbraue und Nase. Auf seinem T-Shirt stand: »Piercing rettete mein Leben!« Matt las das zweimal, weil er sich vergewissern wollte, dass er richtig gelesen hatte. Doch die Bedeutung des Satzes blieb ihm trotzdem unklar.

»Hallo, wie geht's?«, fragte der Junge und schenkte Matt ein strahlendes Lächeln.

»Gut, danke«, antwortete Matt und lächelte zurück. Die Fassade ist ja krass, überlegte er, aber drinnen sieht es anders aus.

»Was ist hier los?«, erkundigte sich Matt bei David.

»Sieht so aus, als hätten wir die Gruppe gerade am Ende einer Klettertour erwischt. Der Teamleiter dieser Übung«, fuhr David fort und zeigte auf einen großen, athletischen Mann inmitten der jungen Leute, »ist der Erste, den ich dir vorstellen will.«

Matt brauchte nicht lange, um zu erkennen, wen David meinte, einen lebhaften Mann, dessen blitzendes Lachen auch aus 50 Meter Entfernung noch gut zu sehen war.

»Er heißt John Butler«, sagte David, ein humorvolles Blinzeln in den Augenwinkeln, weil er gespannt war, wie Matt darauf reagierte. »Witziger Zufall mit den Nachnamen, nicht?«, sagte er, noch immer lächelnd. Matt nickte zustimmend, doch etwas verwirrt. »So einen wie ihn triffst du nicht oft. Komm mit«, drängte er und steuerte sie beide in die Gruppe hinein.

»Super gemacht, Leute«, sagte John gerade mit dröhnender Stimme. »Wir haben's geschafft. Wir alle zusammen«, fügte er mit Nachdruck hinzu.

»John ist ein außergewöhnlicher Führer, Matt«, erklärte David leise, als sie sich der Gruppe näherten. »Heute sollst du den Grundkurs kennenlernen, der sich im Moment mit Klettern und Anseilen beschäftigt. Bei diesem Kurs geht es darum, die Grundlagen des Gesamtprogramms zu erarbeiten. Der Kurs ist sozusagen die erste Klasse. Und John ist das lebendige Lernziel«, fügte er hinzu und drängte sich durch die Schar.

»Na, was habt ihr gelernt?«, fragte John. »Wer will den Anfang machen?« Dabei musterte er die Gruppe mit schief gelegtem Kopf, was Matt an einen Vogel denken ließ, der mit dem Kopf hin und her ruckt, um auch noch das kleinste Geräusch wahrzunehmen.

»Ich«, kam eine Stimme von hinten.

»Prima, Mary, dann fang mal an.«

»Ich habe gelernt, dass der Weg, der am einfachsten aussieht, nicht unbedingt auch der beste ist. Außerdem verlasse ich mich beim nächsten Mal gleich auf Bobbys Riecher für die richtige Route.« Daraufhin wurde einem Jugendlichen, der links vom Gruppenleiter stand, von allen Seiten auf die Schulter geklopft und ein allgemeines zustimmendes Murmeln erhob sich rund um den errötenden mageren Jungen. Bei diesem Geräusch neigte John den Kopf nach links, sein Lächeln wurde noch breiter und er stieß mit der Faust in die Luft.

»Bobby, du bist mein Mann!«, rief er und pumpte bekräftigend mit der Faust auf und ab. »Du hast wirklich Adleraugen«, fügte er hinzu.

Bei dieser Bemerkung erkannte Matt, was ihm bis dahin entgangen war. John fand seinen jeweiligen Ansprechpartner mithilfe seines Gehörs heraus. Auch wenn er dann seinen Blick auf ihn zu richten schien, wanderten seine Augen doch unruhig hin und her, statt denjenigen, mit dem er redete, wirklich zu fixieren. Der Leiter der Klettergruppe war blind!

»Und was noch?«, fuhr John fort.

»Ich habe herausgefunden, dass ich kein guter Kletterer bin.« Matt sah, dass dieser Kommentar von einem neun- oder zehnjährigen Jungen stammte, der mit den Händen in den Hosentaschen dastand und nicht so aussah, als ob er oft an die frische Luft kam. Sein glänzendes schwarzes Haar stand strubbelig nach allen Seiten vom Kopf ab, vielleicht mit kunstvoller Absicht. Seine Haut war sehr blass und er kniff die Augen gegen die Sonne zusammen. Irgendetwas an dem Jungen – das zerzauste Haar, der skeptische Ausdruck, die durchdringenden Augen – ging Matt zu Herzen.

»Aber mutig genug, um etwas auszuprobieren, vor dem du Riesenschiss hast, Tyler?«, fragte John und lächelte dabei noch breiter als zuvor.

»Hm, kann sein«, sagte Tyler und blickte zu Boden.

»Hattest du Schiss, Tyler?«, legte John nach.

»Hm, ja«, antwortete Tyler unangenehm berührt.

»Und hast du dich vor ein paar Minuten vom Rand des Kliffs abgestoßen?«

»Ja, hab ich«, antwortete Tyler und sein Kopf hob sich ein wenig.

»Also, Tyler, dann ist eins klar. Du hast das Herz eines Löwen. Ganz eindeutig.«

Wieder erschollen Beifallsrufe und anerkennende Klapse landeten auf Tylers Rücken. Der Junge stand jetzt merklich gerader da, seine Augen blickten so angespannt wie zuvor, doch es funkelte auch etwas Neues darin. Matt ließ all das auf sich wirken.

»Ich möchte dich mit einem alten Freund von mir bekannt machen, John«, unterbrach David.

»Hey, Boss«, entgegnete John. »Ich hab dich schon kommen hören.«

Matt bezweifelte, dass jemand sie bei all dem Lärm hatte hören können.

»Und ich hab mich gefragt, wer wohl das Greenhorn ist, das dich begleitet. Jessie macht einem die Reiterei leicht, nicht?« Dabei bewegte John den Kopf hin und her und blickte mit seinen blinden Augen ziemlich genau dorthin, wo David und vermutlich auch der Gast standen.

Jetzt war Matt wirklich platt. Konnte der Blinde sogar die einzelnen Pferde an ihren Geräuschen identifizieren?

»Jetzt sagt mal alle Hallo zu meinem Freund Matt James«, rief David laut.

»Hey, Matt«, kam es von dem guten Dutzend Jungen, das sie umringte.

»Ich hab mit einer Dame in Ihrem Büro gesprochen«, rief ein Mädchen aufgeregt aus, das nur ein paar Meter von ihnen entfernt stand. »Also, Sie haben hergefunden!«, fügte es hinzu und hörte sich fast überrascht an. »Ich heiße Sara«, sagte das Mädchen und kam mit drei lässigen langen Schritten heran, um Matt die Hand zu geben.

»Und du hast einen tiefen Eindruck auf meine Assistentin gemacht«, erwiderte Matt und lachte bei der Erinnerung an Debs Bericht über ihren Dialog mit dem jungen Mädchen. Er schüttelte Sara die Hand. Wahrscheinlich war sie noch keine sechzehn, überlegte Matt, als Sara schnell wieder auf Abstand ging. Ihr rundes Gesicht hatte noch etwas Kindliches, doch dieser Eindruck trog, wenn man ihr in die Augen blickte. Sie wirkte fast wie eine kampferprobte Veteranin, immer auf der Hut vor dem nächsten Leid, das sich mit Sicherheit einstellen würde.

»Matt wird eine Zeitlang bei uns bleiben, um zu erfahren, wie wir hier vorgehen«, sagte David, »und heute kriegt er seine erste Lektion.«

»John«, fuhr er fort. »Könntest du Matt kurz erklären, welchen Zweck die heutige Kletterübung hatte und wie sie in unser Konzept passt.«

»Heute haben wir gelernt, wie man klettert«, fing John an. »Wir haben die gesamte Gruppe zum Gipfel geführt und haben uns dann wieder nach unten abgeseilt. Dabei habe ich die ganze Zeit Technik, Strategie und Teamwork gelehrt. Eben haben wir angefangen zu besprechen, was wir gelernt haben, wozu auch eine Kritik meiner Lehrweise gehört.«

»Wie wär's, wenn ihr einfach damit weiter macht, John«, schlug David vor.

»Machen wir«, erwiderte John und wendete sich wieder den umstehenden Jugendlichen zu. »Fangen wir mal mit dir an, Bobby.«

»Also, das war das erste Mal, dass ich geklettert bin«, begann Bobby. »Mir hat eine Sache gut gefallen, nämlich wie Sie uns alle in die Entscheidungen mit einbezogen haben.« Er dachte eine Weile nach. »Ich konnte mir nicht vorstellen, wie Sie uns irgendwas beibringen würden, ohne etwas zu sehen. Aber das machte es nur besser, denn Sie brachten uns andere dazu, das zu sehen, was Sie nicht sehen können.« Bobby hielt noch einmal inne und überlegte. »Sie mussten sich auf uns verlassen«, fuhr er fort. »Das war toll.«

»Mir gefiel, wie Sie uns dazu gebracht haben, aufeinander zu achten«, meinte ein Mädchen.

»Erklär das mal genauer, Michelle«, sagte John.

»Also, Sie haben uns gegenseitig unsere Ausrüstung überprüfen lassen, nicht nur unsere eigene. Und dann ließen Sie uns erklären, Ihnen und uns gegenseitig, wie wir dabei vorgegangen sind. Das konnte ich mir dann wirklich besser merken.«

David ergriff wieder das Wort. »John, gib Matt mal ein groben Eindruck davon, was du gerade an dieser Stelle des Trainings bewirken wolltest.«

»Aber gern«, sagte John und drehte sich wieder zu David und Matt um. »Unsere Klettertour heute war das Resultat von stundenlanger gemeinsamer Planung, aber sie war nur ein erster Schritt auf unserem Weg. Wir legen ein ganzes achtzehn Monate dauerndes Programm zum Führungstraining im Voraus fest, Matt, das dir David sicher zeigen wird. Und wir führen es gruppenweise aus, in Kohorten, wie wir das nennen. Diese neue Kohorte hier wurde erst vor drei Wochen gegründet und wir befinden uns noch im Einführungslehrgang der Studie – dem Anseilkurs.«

»Gut, und was wollen Sie den Teilnehmern in diesem Kurs beibringen?«, fragte Matt und hoffte dabei, John würde merken, dass er die Frage ihm – und nicht David – stellte.

»Denken Sie mal drüber nach«, antwortete John ohne zu zögern. »Was könnte man von einem blinden Klettersporttrainer lernen?«

»Hm, vielleicht könnte ich lernen, dass auch ein Lehrer ab und zu Anweisungen braucht«, brachte Matt unsicher vor.

»Sie könnten lernen, wie Sie meine Anweisungen durchführen. Denn, wie Sie wissen, bin *ich* hier der Lehrer«, war Johns klare Antwort. Ein paar leise Lacher ertönten in der Runde, aber auch wenn Matt das Gefühl hatte, er sei gerade sanft zurechtgewiesen worden, so hatte John doch keine Sekunde lang aufgehört, freundlich zu lächeln.

»Aber was könnten Sie daraus lernen, wenn Sie darüber nachdenken, was ich tun muss, *damit* ich ein effektiver Klettersporttrainer bin?«, wollte John wissen. »Worüber haben Bobby und Michelle gerade gesprochen? Bedenken Sie, dass es gar nicht so sehr darum geht, dass ich nicht sehen kann, wohin ich meine Hände und Füße setze – ich kann meinen Weg nämlich sehr gut durch Tasten erspüren. Nein, wichtiger ist die Tatsache, dass ich nicht sehen kann, was meine Schüler tun – ich kann nicht sehen, ob sie die Sachen, die ich ihnen beibringen will, auch wirklich lernen. Und ich kann beim Klettern nicht sehen, was vor mir liegt, also nichts außer dem, was ich mit meinen Händen und Füßen ertasten kann.«

»Ach so!«, rief Matt aus. »Ich würde sagen, dass ich lernen könnte, dass der Informationsaustausch sehr rege sein muss.« Er war sich dieser Antwort schon sehr viel sicherer. »Man muss Sie mit allem versorgen, was Sie nicht selbst erlangen können. Und da Sie nichts als selbstverständlich voraussetzen können, müssen Sie sich stärker mit den anderen austauschen.«

»Stimmt genau«, erwiderte John. »Wenn wir noch einen Augenblick bei Ihrem Argument bleiben wollen – würden Sie sagen, dass es unter normalen Umständen nicht so wichtig wäre, häufig miteinander zu reden? Also, gesetzt den Fall, ich sähe alles mit eigenen Augen, könnte ich dann viel mehr Dinge als selbstverständlich betrachten und auf diese zusätzliche Kommunikation verzichten?« John lächelte unverändert sein starkes, strahlendes Lächeln, während er auf die Antwort seines neuesten Schülers wartete.

Die Frage hatte gesessen. Matt blickte einen Augenblick ins Leere, während ihm klar wurde, dass Johns Bemerkung ins Schwarze traf. Ja, er hielt vieles für selbstverständlich. Er pflegte einem Mitarbeiter nur eine schnelle Erklärung oder Orientierung zu geben und anschließend zu beobachten, ob dieser die gestellte Aufgabe erfüllte oder dabei versagte. Er hatte das bisher als eine Art Leistungstest betrachtet – als eine Möglichkeit zu sehen, ob seine Leute ihre Arbeit erst nahmen beziehungsweise Talent hatten. Noch nie zuvor hatte er in Erwägung gezogen, dass bei dieser Art der Führung er selbst derjenige sein könnte, der in Wirklichkeit keine Leistung brachte.

»Ich überlege gerade«, sagte Matt mit gedämpfter Stimme, »ob die Leute in meinem Team in New York wirklich alles so verstehen, wie ich es bei ihnen voraussetze. In den meisten Fällen gehe ich davon aus, dass Mitarbeiter, die nicht so arbeiten, wie ich es von ihnen erwarte, genau wissen müssten, was ich erwarte oder wie das durchzuführen ist. Und wenn sie versagen, gehe ich davon aus, dass es an ihnen liegt.«

»Nun, es kann ja an ihnen liegen«, warf John ein.

»Ja, ja«, entgegnete Matt nachdenklich, »aber höchstwahrscheinlich liegt es an mir. Möglicherweise haben sie nicht verstanden, was ich ihnen erklärt zu haben glaube.«

»Okay. Ihre Ansicht ist begründet«, sagte John. »Wir kommunizieren zu wenig. Die Leute in Ihrem Team in New York haben vielleicht keine klare Vorstellung davon, was Sie von ihnen erwarten oder welche Pläne oder Strategien Sie verfolgen. Und beim Klettern ist nun wirklich eindeutiges Kommunizieren angesagt. – Aber darum ging es bei unserer heutigen Lektion gar nicht, jedenfalls nicht im engeren Sinn«, fuhr John fort. »Tyler!«, rief er laut und drehte sich wieder in die Richtung, in der der Junge vorher gestanden hatte.

»Ja?«, meldete sich der Junge leise.

»Hast du dich vorhin vom Kliff abgestoßen, weil meine Erklärung, wie man das macht, so außergewöhnlich gut war?«

Tylers Augen wanderten zwischen John und Matt hin und her.

Er suchte nach einem Anhaltspunkt dafür, was er auf diese Frage antworten sollte, was von ihm erwartet wurde oder ob es sich um eine Falle handelte. »Sie haben das mit dem Erklären sehr gut gemacht«, ließ er versuchsweise los, um die Lage zu erkunden.

»Danke, Tyler«, antwortete John ehrlich. »Und lag es an meiner guten Erklärung, dass du den Mut hattest, dich seitlich von der Wand abzustoßen?«

Tyler schüttelte den Kopf, es war eine kleine, unbewusste Bewegung, die verriet, dass er die Frage für sich selbst bereits beantwortet hatte. John wartete ab.

»Sie waren bei mir«, sagte Tyler mit noch leiserer Stimme.

Matt hatte den Eindruck, dass Johns Lächeln jetzt ganz von innen heraus kam. Seine Augen leuchteten. »Und wo befand ich mich, Tyler, als ich bei dir war?«

»Sie waren schon von der Felswand abgesprungen und warteten auf mich, etwa einen Meter unterhalb der Stelle, an der ich stand.« Tyler war sich ganz sicher, dass diese Antwort richtig war. Schließlich war John genau dort gewesen.

Statt weiter mit Tyler zu reden, drehte sich John mit befriedigtem Gesichtsausdruck wieder zu Davids Standort um. *Auftrag ausgeführt, Boss,* sagte diese Geste. *Nehmen Sie's mit!*

»Gut gemacht, Tyler«, sagte David und setzte damit den Schlussstrich für dieses Gespräch zwischen dem Jungen und John. »Macht weiter, Freunde«, rief er und verabschiedete sich und Matt damit aus dem Kreis. »Und danke für alles, was wir gelernt haben, John«, sagte er abschließend.

»Ich hab zu danken, Boss, wie immer«, antwortete John. »Ich schulde Ihnen unendlich viel und das wissen Sie.«

»Ganz im Gegenteil, John, meiner Meinung nach«, erwiderte David leise.

Der Ritt zurück zur Ranch dauerte nicht lange. Matt war tief in Gedanken und David ritt schweigend vorweg und gab damit seinem jüngeren Freund die Gelegenheit, sich noch einmal alles, was sie gerade erlebt hatten, durch den Kopf gehen zu lassen. Später, in seinem Büro, würden sie dann viel leichter darüber reden können.

»Du machst also ein Training zum Thema Menschenführung mit diesen Kids«, sagte Matt und wiederholte damit, was David vorher bei den Felsen gesagt hatte. »Und was ich vorhin gesehen habe, war ein Teil dieses Programms.« David hatte Matt in die Konferenzecke seines Büros geführt und dort saßen sie nun auf bequemen Stühlen.

»In jedem Menschen steckt ein Schalter, Matt«, erwiderte David. »Die AUS-Stellung bedeutet: ›Solange ich von dir beobachtet werde, tue ich vielleicht, was du mir sagst. Aber wenn du nicht aufpasst, mache ich weniger, als ich soll und vielleicht noch Schlimmeres.‹ Steht der Schalter auf AN, heißt das: ›Ich tue alles, was ich kann, um einen positiven Beitrag zu leisten. Und ich tue es, egal ob du mich beobachtest oder nicht.‹«

Matt blickte David an, ohne etwas zu sagen. Wieder musste er an seine Abteilung in der Firma denken. Debs innerer Schalter stand auf AN, allerdings hätte er nicht sagen können, warum das so war. Sein erster Verkäufer, Randy, war anfänglich ebenso engagiert gewesen wie Deb, aber jetzt stand sein Schalter auf AUS, genau wie bei den meisten anderen im Team. Aber wie kam David von der Kletterei auf dieses Thema?

»Wir bringen den Jungen bei, auf welche Weise ein Führender bewirkt, dass der Schalter von AUS auf AN springt. Von der Apathie zur Beteiligung. Von ›Das ist nicht meine Aufgabe‹ zu ›Ich mach das schon‹. Von ›Ich hab keine Schuld‹ zu ›Ich übernehme die Verantwortung‹. Also ja, es stimmt, wir lehren Führung und die Aufgabe heute war ein Teil davon.«

»Und der spezielle Sinn der Lektion heute war, dass ich mehr kommunizieren und mich als erster von der Wand abseilen sollte«, fuhr Matt fort und seine wachsende Verdrossenheit war ihm anzumerken. Er verstand nichts mehr. Sie waren direkt nach dem Dialog zwischen John und Tyler von den Felsen weggeritten, als sei völlig klar, was das Ganze zu bedeuten hatte. Dabei war dies durchaus nicht klar – jedenfalls nicht für Matt – und er war in dementsprechend gereizter Stimmung.

»Lass uns noch einen Augenblick bei diesem Punkt bleiben, Matt«, sagte David, der bemerkt hatte, wie konsterniert Matt war. »Selbstverständlich ist Kommunikation wichtig, aber der Grundkurs mitsamt der heutigen Lektion zielt darauf ab, dass es um mehr geht als um Worte. Es gibt auch Dinge, die du *tun* musst – und zwar täglich, diszipliniert und konsequent –, wenn du möchtest, dass dein Team sich richtig verbeißt in die Sache, um die es dir geht und auf die du hinauswillst.«

»Aber ich tue doch dauernd was«, protestierte Matt und seine Verwirrung steigerte sich noch.

David blickte seinen jüngeren Freund einen Augenblick unverwandt an. Er wollte, dass Matt sich beruhigte und ihm einen Moment konzentriert zuhörte.

»Ja, Matt, du hast durchaus etwas getan und dennoch hast du nicht genügend mit den Leuten kommuniziert – allerdings stimmt auch, dass das, was du getan hast, nicht das Richtige war.« Während David so mit seinem unzufriedenen Schützling sprach, lächelte er freundlich und war sich durchaus bewusst, dass dieser ihm nicht folgen konnte. »Und ich werde dir jeden einzelnen dieser Punkte verständlich machen, wenn du mir nur die Gelegenheit dazu gibst.«

Matt blickte zweifelnd und zuckte mit den Schultern. Eine andere Möglichkeit schien sowieso nicht zu bestehen.

»Du bist ein Freund klarer Worte. Also, hier kommt es jetzt klipp und klar. Zuerst bringen wir diesen jungen Leuten bei, was für Menschen sie sein müssen, wenn sie wollen, dass andere Leute ihnen folgen. Es geht also um Charakterbildung und Charakter ist wichtiger als die beruflichen Fähigkeiten. Und zwar grundsätzlich!«

»Hört sich vage an«, erwiderte Matt, wobei sein Ton nicht so scharf war wie seine Aussage. »Und das ist wohl auch der Grund, warum man in der Business School das Thema Charakter abgeschafft hat zugunsten der härteren Fächer beruflicher Ausbildung.«

»Genau! Das mit dem Charakter ist zu verschwommen und zu weich«, stimmte David ihm zu und jetzt war er es, dessen Stimme sich gereizt anhörte, »was übrigens totaler Bullshit ist.« David legte mehr Sarkasmus in diesen Satz, als Matt von ihm je gehört hatte.

»Was wir lehren, ist nicht vage und alles andere als weich. Und außerdem muss ich dir noch sagen, dass unsere Arbeit mit den Jugendlichen hier auch eine religiöse Dimension hat. Ich möchte, dass du das weißt, denn früher oder später stolperst du sowieso darüber. Aber ganz gleich, welche Einstellung du zum Glauben hast, das Thema Charakter ist für unser Programm von großer Bedeutung. Was wir unter Charakter verstehen, ist sehr präzise und sehr realistisch. Das Problem bei der Vermittlung von Charakter ist, dass man ihn erst einmal selber haben muss, bevor man andere darin unterrichtet.«

»Abgesehen vom Thema Charakter«, fuhr David fort und holte tief Luft, »vermitteln wir im Unterricht noch drei grundlegende Fähigkeiten. Von diesen muss ein Anführer jeden Tag Gebrauch machen, um von seinen Mitarbeitern tolle Ergebnisse zu bekommen.« David holte noch einmal tief Luft und lächelte wegen der aufgeheizten Emotionen entschuldigend in Richtung seines früheren Studenten.

»Du willst mir also sagen«, unterbrach ihn Matt, »dass eine Vorbedingung für Superergebnisse darin besteht zu lernen, wie man den Zauberschalter von AUS auf AN knipst.«

David erhob sich und holte einen linierten Block von seinem Schreibtisch, schrieb etwas darauf und riss das Blatt ab. Als er wieder bei seinem Stuhl war, reichte er es Matt. Darauf stand:

$$V \times 3A = E$$

»Ich wollte dir das hier eigentlich nicht so unvorbereitet vor den Latz knallen. Grundsätzlich ziehe ich ja das Demonstrieren dem Dozieren vor, aber ich glaube, meine experimentellen Lehrmethoden gefallen dir nicht so besonders«, sagte er und lächelte zu seinem Freund hinunter.

Matt grinste und wedelte protestierend mit der Hand.

»Dies ist unsere Engagement-Formel«, fuhr David fort. »Das E am Ende der Gleichung bedeutet Engagement, den Einsatz für das Unternehmen. Das bezieht sich auf das Schalten auf AN. Untersuchungen haben ergeben, dass weniger als ein Drittel der amerikanischen Arbeitnehmer sich bei ihrer Arbeit engagieren. Nur bei etwa drei von zehn Arbeitern und Angestellten steht der Schalter auf AN! Aber die sind die Ausschlaggebenden. Denn sie bringen jeden Tag ihre ganze Persönlichkeit zum Einsatz. Drei von zehn, Matt! Du stehst mit dem Problem also keineswegs allein da. Bei mehr als zwei Dritteln der Arbeitskräfte steht der Schalter schon bei Beginn der Arbeit in der AUS-Stellung. Selbstverständlich erwartet aber jeder von ihnen am Monatsende seinen normalen Lohn«, fügte David trocken hinzu.

Matt nickte zustimmend.

»Die 3 A in der Mitte der Gleichung stehen für die drei Fähigkeiten, in denen wir die Jugendlichen schulen«, fuhr David fort. »Aber wir werden uns erst morgen damit befassen, also bitte nicht drängeln!«, fügte er scherzhaft hinzu.

»Und das V?«, fragte Matt.

»Das V bezieht sich auf das Thema Charakter. Denk mal an die Bergwand zurück. Warum wagte Tyler den angstbesetzten Absprung von der Spitze einer schroffen Bergwand?«

»Ich denke, weil er Vertrauen zu John hatte. Tyler sagte, er habe es getan, weil John bei ihm gewesen sei. John war als erster gesprungen und Tyler folgte ihm.«

»Richtig«, nahm David den Gesprächsfaden wieder auf. »Vertrauen schenkt man einem Führer nur, wenn er das Vertrauen auch verdient, also wenn seine Taten mit seinen Worten übereinstimmen. Man spricht ja vom »Say-do-gap«, der Kluft zwischen Reden und Handeln oder Wort und Tat. Jemand, der andere führen will, hat die Aufgabe, diese Lücke zwischen Worten und Taten zu schließen.«

»Vertrauen«, wiederholte Matt. »Das V bedeutet also Vertrauen.«

»Daher beginnt unsere Engagement-Formel mit dem Vertrauen. Und jetzt kann ich auf etwas verweisen, das vorher noch nicht gepasst hätte. So wichtig die Kommunikation ist und so verbreitet das Problem der mangelnden Kommunikation ist – das wahre Thema ist das Vertrauen. Was können deine verstärkten Kommunikationsbemühungen schon bewirken, wenn deine Leute nicht glauben, dass deine Aussagen irgendeine Bedeutung haben?« David ließ Matt einen Augenblick darüber nachdenken.

»Und deshalb fangen wir mit dem Vertrauen an. Halten, was man versprochen hat. Ist das etwa zu vage für dich? Selber so sein, wie man es von den anderen erwartet. Wenn Worte und Taten sich widersprechen, kann nichts, was du sonst noch aufs Tapet bringst, etwas bewirken. Das ist eine fundamentale Tatsache – genau wie die, dass du eine gute Ernährung brauchst, wenn du vorhast, für eine Karriere als Hochleistungssportler zu trainieren: 3 A ist das Training, V ist die Ernährung. Am Anfang steht das Vertrauen, Matt«, schloss David. »Alles beginnt mit dem Charakter.«

Matt dachte wieder an seine Abteilung in New York. Hatte sein Team Vertrauen zu ihm? Oder, genauer gesagt, hielt er, was er versprochen hatte? War er vertrauenswürdig? Ja, er versuchte immer ehrlich zu sein, aber David brachte ihn dazu, jetzt über etwas nachzudenken, das tiefer ging als Ehrlichkeit. War sein tägliches Verhalten konsequent und verlässlich? Waren seine Absprachen verbindlich? War er auch in dieser Hinsicht vertrauenswürdig?

Matt fiel ein Vorfall aus der vergangenen Woche ein. Er hatte seine Entscheidung revidiert, seiner einstigen Star-Verkäuferin Molly den Gramming-Etat zu überlassen. Er hatte es sich anders überlegt, weil er dachte, es würde Randys Arbeitsmoral heben, wenn er diesen Etat bekam. Außerdem hatte Molly, kurz nachdem er ihr mitgeteilt hatte, dass sie den Etat übernehmen würde, einen Liefertermin bei einem anderen Projekt verpasst.

Als er Molly von ihrer neuen Aufgabe wieder abgezogen hatte, war ihr Gesicht wie versteinert gewesen – womit Matt gerechnet hatte –, doch auch Randy hatte die Neuigkeit, dass er die Chance zu dieser Aufgabe bekam, mit einem ähnlich trübsinnigen Gesichtsausdruck aufgenommen. »Okay, Boss«, war alles, was er dazu gesagt hatte.

Matt hatte damals gedacht, Randys mangelnde Zufriedenheit sei ein Zeichen von Undankbarkeit oder zeige, dass er keinen Drive mehr habe. Jetzt kam ihm der Gedanke, dass sein eigener

Meinungsumschwung der Grund dafür gewesen sein könnte. Er überlegte, ob es noch mehr Vorkommnisse dieser Art gegeben hatte – und wusste schon im gleichen Augenblick, dass die Antwort »Ja« lautete. Er hatte sich bei seinen Führungsentscheidungen schon öfter um 180 Grad gedreht, und zwar, weil er immer das Gefühl hatte, er müsse das tun. Jetzt wurde ihm klar, dass seine Leute wohl kaum für ihn von der Kuppe einer Felswand springen würden. Sie konnten ja nicht sicher sein, dass er, wie versprochen, da sein und auf sie warten würde.

»Wie lange dauert es, bis einem die Leute vertrauen?«, fragte Matt. Jetzt hatte sein eigenes Gesicht einen düsteren Ausdruck angenommen. Er wusste, dass dies eine dumme Frage war; selbstverständlich dauerte es lange. Aber er hatte nicht das Gefühl, noch viel Zeit zu haben.

»Du hast Zeit genug, Matt«, sagte David herzlich. »Eines der Paradoxa beim Führen ist, dass Schnelligkeit dich tatsächlich langsamer machen kann.«

»Verstanden«, antwortete Matt. Es hatte seit seinem Antritt als Führungskraft zwei Jahre gedauert, bis die Krise, in der er sich jetzt befand, eingetreten war. Also konnte er sich mindestens einen weiteren Tag leisten für den Versuch, sie zu überwinden.

»Zeit fürs Abendessen«, sagte David lächelnd. »Unser Ausritt hat mich ganz schön hungrig gemacht. Wollen wir zu den anderen?«

»Übrigens, David«, sagte Matt, als sie über den Hof schlenderten, der Davids Büro vom Speisesaal trennte, »ich wollte dich fragen, wo die Jugendlichen eigentlich herkommen. Und John – was hat der für eine Geschichte?«

»Dies ist eine Adoptionsranch, Matt«, erwiderte David.

»Mustang-Adoption«, antwortete Matt. »Das weiß ich schon. Das steht auf eurem Schild.«

»Ja, stimmt, Mustang-Adoption. Aber auch Adoption von Menschen. Alle Kinder wurden durch das Jugendamt hierher geschickt, sind bei Pflegeeltern untergebracht oder stehen auf eine andere Weise unter amtlicher Vormundschaft.«

Matt schwieg verblüfft.

»Wir nehmen alle sechs Monate zehn neue Kids auf und da das Programm 18 Monate dauert, haben wir immer 30 Jugendliche gleichzeitig hier. Außerdem gibt es immer wieder welche, denen wir anbieten, länger hier zu bleiben und mitzuhelfen. John kam vor zehn Jahren zu uns, nachdem er ›herausgewachsen‹ war.«

»Was soll das heißen?«, wollte Matt wissen.

»Als er 18 wurde, hatte ihn immer noch keiner adoptiert. John war vom Tag seiner Geburt bis zum 18. Geburtstag ein Pflegekind. Keiner hat ihn je als Sohn annehmen wollen. So was passiert vielen.«

»Was meinst du mit ›vielen‹?«, fragte Matt und blieb stehen.

David erwiderte nüchtern: »Immer wenn wir zehn neue Kinder in unser Programm aufnehmen, werden 10 000 Achtzehnjährige aus der staatlichen Betreuung entlassen – Menschen, die niemand als Kind angenommen hat, die nie anhaltend einen Vater oder eine Mutter hatten, die nie auf Dauer als Mitglied einer Familie gelebt haben. Alle sechs Monate werden 10 000 Menschen aus dem System geworfen, um sich allein durchs Leben zu schlagen. Sind das viele?«

»Mein Gott!«, rief Matt aus.

»Gott kann nichts dafür«, gab David zurück, »und dabei sind die nicht adoptierten 17-, 16-, 15-, 14- und 13-Jährigen nicht mitgerechnet. Ich könnte noch weiter rückwärts zählen, aber das tut nur noch mehr weh.«

Matt schüttelte den Kopf und blickte seinen Mentor überrascht an.

»Hauptsächlich nehmen wir Kinder auf, die jünger sind als John, ab neun, zehn Jahren bis 14 oder 15. Aber da John ein ganz besonderer Fall war, habe ich damals die Regeln großzügig ausgelegt. Und bin sehr froh darüber. – Komm«, sagte David und legte Matt den Arm um die Schulter, wie um seine väterliche Rolle zu unterstreichen, »lass uns was futtern.«

Matt nickte und betrat den Speisesaal. Auf den ersten Blick befanden sich hier wohl dreißig oder vierzig Teenager und dazu vielleicht zwei Dutzend Erwachsene, die wohl zum Personal gehörten – Rancharbeiter und Ausbilder. Aber seine Augen blieben an den Jugendlichen hängen. Eine Adoptions-Ranch. Ein ganzer Saal mit Kindern, die eine Familie brauchten.

Es duftete köstlich nach gegrillten Steaks, vor Matt standen dampfende Schüsseln mit Ofenkartoffeln, frischem grünen Spargel, verschiedenen Soßen und Beilagen, dazu frisch gebackenes Brot und Glasschalen mit dunkelrotem Wackelpudding. Doch ihn konnte nichts verlocken. Die Kinder hier hatten weder Mutter noch Vater. Sein Magen war wie zugeschnürt.

Die Herausforderung angehen

Matt schreckte aus dem Schlaf auf, wie elektrisiert von einem Schrei, der sicherlich real gewesen war. Er hatte zwar gerade noch geträumt, nach einem verschwundenen Kind zu suchen, und im Traum hatte er das Kind – einen Jungen – um Hilfe rufen hören. Aber der Schrei, der ihn geweckt hatte, war sicher nicht mehr Teil des Traums; dafür war er zu lebendig und alarmierend gewesen. Er hatte ein helles, klares Loch direkt ins Innerste seines diffusen, dumpfen Traums vom Suchen und Verlieren gebrannt.

Seine Augen waren jetzt weit geöffnet, doch er konnte nichts sehen. Kein heller Schein der Digitaluhr am gewohnten Platz rechts von ihm zeigte ihm die Uhrzeit an. Und auch das Licht der Straßenbeleuchtung draußen vor seinem Schlafzimmer war verschwunden, genauso wie das Fenster selbst, das er in der stockdunklen Finsternis nicht erkennen konnte. Aber noch eigenartiger war, dass Matt nichts hörte – weder Hupen noch Busse, Polizeisirenen oder quietschende Bremsen, auch keine Klimaanlage, die wie ein Heuschreckenschwarm dröhnte.

Und auch niemanden, der schrie.

Matt tastete auf seiner linken Seite nach dem warmen Körper seiner neben ihm schlafenden Frau. Doch er war allein, in einem schmalen Einzelbett – und bei dieser Erkenntnis fiel ihm auch wieder ein, wo er sich befand. Als er seinen ausgestreckten Arm bewegen wollte, spürte er, wie sich verschiedene Muskelgruppen in seinem Körper schmerzhaft beschwerten. Er zog eine Grimasse und erinnerte sich an das gestrige Geholper auf dem Pferderücken. Auch sein Brustkorb fühlte sich schwer an; die dünne Höhenluft forderte ihren Tribut.

Als Matt die Beleuchtung seiner Armbanduhr betätigte, stellte er fest, dass es erst halb vier Uhr morgens war, also halb sechs nach seiner inneren Uhr, nach New Yorker Zeit. Alice würde jetzt schon aufwachen, denn die Anforderungen als neue Partnerin in ihrer Firma brachten es mit sich, dass sie immer früher aufstand und immer später nach Hause kam.

Matt ließ sich auf seine bequeme Matratze zurückfallen, erleichtert, dass ihm noch zwei Stunden ohne Druck im Nacken blieben. Die Sorgen, die mit New York zu tun hatten – teils mit der Arbeit, teils aber auch ganz privat – würden warten müssen. Der schlechte Traum, der ihn aufgeweckt hatte, war nicht weiter wichtig, ein Traum und sonst nichts. Und auch die vielen jungen Leute, deren Lebensumstände ihm am Vorabend zu Herzen gegangen waren, konnten warten. Entschlossen, das alles für noch wenigstens zwei Stunden zu verdrängen, schloss Matt die Augen und konzentrierte sich auf seinen Atem, um sich so wieder zum Einschlafen zu zwingen.

Der Schrei einer Jungenstimme zerriss die Stille, der gleiche Laut, der sich kurz zuvor in seine Träume gedrängt und ihn an die Oberfläche seines Bewusstseins geholt hatte. Matt sprang mit einem Satz aus dem Bett, doch dann verharrte er, unsicher, was er als Nächstes tun sollte. Es war kein einziges Wort zu verstehen gewesen. Um Hilfe gerufen hatte der Junge nicht, auch wenn es sich so anfühlte, als hätte er das getan. Was Matt gehört hatte, irgendwo aus diesem weitläufigen Haus, war der Ruf eines Sohnes, der dringend seinen Vater brauchte.

Matt tastete an der Seite des Bettes nach der Nachttischlampe und zog an der Schnur, sodass ein gedämpftes Licht den Raum erhellte. Dann ging er zur Tür, bereit, auch noch weiter zu gehen. Inzwischen war das Öffnen und Schließen anderer Türen zu hören, leise Stimmen, die begütigend auf den Jungen einredeten. Und dann drang der Klang der Stimme seines Freundes David zu ihm – nicht die Worte, sondern nur die sanften, beruhigenden Laute eines Mannes, der jemandem gut zuredet. Eine klagende Kinderstimme antwortete, auch sie nicht verständlich, von Tränen erstickt.

Matt stand reglos da, die Hand am Türknauf, er blieb in seinem Zimmer und lauschte dem zeitlosen, kostbaren Austausch zwischen einem Sohn, der sein Herz ausschüttet, und einem Vater, der die Tränen seines Kindes in sich aufnimmt und ihm Trost und Verständnis vermittelt. Schon bald waren die Stimmen verklungen, Türen schlossen sich wieder und er konnte die Geräusche dieses zu Herzen gehenden Dramas nicht mehr hören.

Matt wünschte, er selbst hätte durch zärtliche Worte und Berührungen Trost spenden können. Je länger er darüber nachdachte, desto klarer wurde ihm, dass er auch gern derjenige gewesen wäre, dem der Trost galt. Eben noch war in seinem immer wiederkehrenden Albtraum sein Kind verschwunden – und tatsächlich hatte er einen Sohn verloren –, doch nun hatte Matt das Gefühl, er selbst sei der Verlorene. Er war der Alleingelassene. Der Junge am anderen Ende des Flurs hatte nur das zum Ausdruck gebracht, was er selbst empfand.

»Komm rein!«, winkte David seinen Freund herbei. Er saß mit einigen seiner Mitarbeiter an einem Tisch in dem großen Speisesaal. »Setz dich zu uns«, sagte er und reichte Matt einen dampfenden Becher mit sehr schwarzem Kaffee. »Der ist nicht von Starbucks«, grinste er. »Bei uns ist noch echter schwarzer Kaffee angesagt!«

»Hey, Matt!« John, der Klettertrainer, wandte ihm sein strahlendes Gesicht zu.

»Morgen, John«, erwiderte Matt und an die Runde gewandt: »Guten Morgen, alle miteinander!«

»Wir sind fast fertig mit unserem wöchentlichen Mitarbeitertreffen zum Thema Führungsqualität«, erklärte David, »und da wir gestern gerade über die Kluft zwischen Reden und Handeln gesprochen haben, wird es dich nicht überraschen, dass wir dieselbe Engagement-Formel, die wir den Jugendlichen beibringen, auch hier im Führungsteam benutzen.«

Matt nickte zustimmend, setzte sich zu den Männern und Frauen und nahm einen Schluck Kaffee – er war heißer, stärker und schwärzer als alles, was er je getrunken hatte! »Macht es euch was aus, wenn ich mir Notizen mache?«, fragte er und unterdrückte dabei mit Mühe einen Hustenreiz. Das starke Röstaroma des kochend heißen Getränks trieb ihm das Wasser in die Augen. »Es wäre mir eine Hilfe«, fügte er, eine Grimasse ziehend, hinzu und stellte behutsam den Kaffeebecher auf die Tischplatte – seine vorsichtige Bewegung erinnerte an einen Gefahrgutspezialisten, der flüssigen Giftmüll entsorgt.

»Schreib nur drauflos!«, meinte ein jungenhaft aussehender Cowboy. Das Zwinkern seiner Augen verriet, dass er sich über Matts Reaktion auf den Kaffee amüsierte. »Hier ist das so üblich: Alle helfen sich gegenseitig ein bisschen, den eigenen Weg zu finden. – Ich bin Teddy«, fügte er hinzu.

»Danke, Teddy«, nickte Matt und bemühte sich, sein zur Grimasse verzogenes Gesicht zu glätten.

»Eigentlich bleiben uns nur noch ein paar Minuten, Matt«, mischte sich David ein, »aber vielleicht kann jemand meinem Freund ganz kurz erklären, welches ›große Ziel‹ wir hier verfolgen. Was ist letztendlich der Sinn und Zweck der Ranch und ihres Führungsteams?«

»Ich fang mal an«, erwiderte der junge Cowboy. »Wenn du mich hier so siehst, errätst du sicher nicht, woher ich komme. Ich habe in Harvard studiert und das war auch toll, aber trotzdem hat mir nichts so sehr weitergeholfen wie das, was ich hier gelernt habe über die fortwährende Verpflichtung, bei jedem einzelnen Vorhaben, Plan oder Beschluss unser höheres Ziel vor Augen zu haben. Wir legen großen Wert auf zielgerichtete Vorhaben, Pläne und Entscheidungen. Das hört sich wie eine Selbstverständlichkeit an. Doch Darstellungen von Zukunftsvisionen sind dafür bekannt, dass sie gern ein Schubladendasein fristen. Unser großes Ziel wird lebendig in der täglichen Pflichterfüllung.«

Matt betrachtete den jungen Mann neugierig. Er wirkte in jeder Hinsicht wie ein Cowboy: Kleidung, lässige Haltung, Sprechweise, alles passte. Von einem elitären Harvardstudenten war Teddy wirklich nichts anzumerken.

»Und worum geht es uns nun? Wir wollen die verlorenen Kinder unserer Gesellschaft mit Fertigkeiten ausrüsten, die sie zu einem Leben voller Engagement und sinnvoller Leistung führen«, verkündete der Ex-Harvard-Knabe. »Unser großes Ziel heißt: ›Jedes Kind eine Hoffnung, jedem Kind ein Zuhause.‹«

In dem Moment, als Matt Teddys Worte hörte, war er auch schon von ihrer Richtigkeit überzeugt. Er glaubte an sie. Es war, als habe er genau die Botschaft vernommen, nach der er gesucht hatte. Ja, jedes Kind berechtigt zu Hoffnung und jedes Kind braucht ein Zuhause. Nichts kam ihm dringlicher und bedeutender vor, als sein Leben diesem Gedanken zu widmen.

»Kannst du mir etwas über die Ranch sagen?«, drängte Matt. Er wusste, dass David zum Ende kommen wollte, aber er musste unbedingt noch mehr erfahren. »Ich meine nicht die Ranch an sich«, fuhr er schnell fort, »sondern die Ranch und die Kinder. Wie habt ihr aus einer Pferderanch eine Ranch für Kinder gemacht?«

»Die einfachste Antwort ist«, mischte sich David ein, »dass wir es gar nicht getan haben. Ich kann dir versichern: Wir haben nie mit dieser Entwicklung gerechnet. Wir trainierten wilde Mustangs, damit sie adoptiert werden konnten. Dann passierten ein paar Dinge in meinem Leben ...« David hielt inne und blickte auf seine Hände. Sie hielten die Tischplatte umklammert. Dann räusperte er sich.

»Und danach passierte noch einiges andere«, fuhr er fort und zog die Schultern hoch, einen sehr weichen Ausdruck in den Augen. »Das Leben ist schon komisch«, fügte er hinzu und blickte Matt mit einem Ausdruck an, der deutlich zeigte, dass er das nicht scherzhaft meinte. »Aber jetzt ist nicht ganz der richtige Augenblick für das alles«, lächelte er und entschuldigte sich damit für die unbeantwortet gebliebenen Fragen, ganz zu schweigen von den neuen Fragen, die sein Verhalten aufwarf. »Wie schon gesagt, mir ist es wichtiger, zu zeigen als zu reden. Also, wenn es dir nichts ausmacht ...« und damit erhob er sich und forderte Matt mit einer Kopfbewegung auf, ihn zu begleiten.

»Zeigen ist gut«, antwortete Matt und gab damit die Freundlichkeit seines Mentors zurück. »Dann lass mal sehen.«

David blickte mit großer Wärme in die Runde. Er hätte die Wertschätzung, die er seinen Mitarbeitern entgegenbrachte, nicht effektiver zeigen können.

»Wir gehen zu den Ställen, Matt«, sagte David und wandte sich zum Gehen. Matt folgte ihm, während die Mitarbeiter – zufrieden und zügig – in die verschiedensten Richtungen abzogen, um ihren wunderbaren Alltagspflichten nachzugehen.

»Ich könnte als Erstes alles aufzählen, was mit den Kindern, für die wir da sind, nicht in Ordnung ist«, sagte David. Sie überquerten eine große Weide, um zu den Ställen zu gelangen, die in Richtung der schneebedeckten Gipfel im Westen lagen. Matt konnte die lang gestreckten, niedrigen Stallgebäude schon sehen; dazwischen erstreckten sich mehrere sehr große rechteckige Reitbahnen in nördliche und südliche Richtung. Außerdem gab es noch einige kleinere runde Pferche; einer von ihnen zog gerade die allgemeine Aufmerksamkeit auf sich. Farmarbeiter und ein paar Jugendliche standen am Bretterzaun oder saßen darauf. Innerhalb des Kreises waren ein Pferd und ein Mädchen zu sehen.

»So würde ein Sanierer anfangen«, fuhr David fort, ohne seinen schnellen Schritt zu unterbrechen.

»Wie bitte?«, fragte Matt. Er war in Gedanken gewesen. Sie hatten über Kinder gesprochen und er hatte beobachtet, wie das Pferd und das Mädchen im Kreis herumgingen, während David und er die paar hundert Meter zu den Ställen wanderten. Auch der Weg über die unebene Weide erforderte einige Aufmerksamkeit wegen der vielen mit rauen, scharfhalmigen Grasbüscheln bewachsenen Stellen, denen man ausweichen musste, wie auch wegen der vielen Pferdeäpfel. Nein, wie auf dem 18. Fairway des berühmten Golfclubs Winged Foot sah es hier wahrlich nicht aus.

»Als erstes alles aufzählen, was nicht in Ordnung ist«, wiederholte David. »Ich habe gerade gesagt, dass ein Sanierer so anfängt.« Seine Stimme hatte einen ungeduldigen Klang, weil sein Schüler nicht zugehört hatte.

»Aber ...«, stotterte Matt, »eben deshalb braucht man doch einen Sanierer, oder? Weil irgendwas ja offensichtlich verkehrt läuft.« Matt war plötzlich wieder voller Ungeduld. Außerdem hatte er sehr wohl aufgepasst! Schließlich war die Tatsache, dass etwas absolut nicht in Ordnung war, der Grund, warum er über diese ungepflegte Wiese stakste.

David lachte leise. Die Anspannung, die plötzlich über seinen jüngeren Freund gekommen war, erinnerte ihn daran, seine eigene nervöse Spannung abzuschütteln. Er klopfte Matt auf die Schulter.

»Ja, das ist der Grund, warum eine Umstrukturierung fällig ist«, antwortete er zustimmend und aufmunternd. »Irgendwas läuft schief. Aber wenn man anfangen will, die Schieflage zu bereinigen, dann braucht man einen völlig anderen Ausgangspunkt.«

Matt ging schweigend weiter. Wenn die Tatsache, dass etwas nicht in Ordnung ist, eine Umstrukturierung notwendig macht, dachte er, warum sollte dann diese Tatsache, dass etwas nicht in Ordnung ist, nicht der Punkt sein, an dem man anfängt, alles wieder in Ordnung zu bringen?

»Also, wie ich schon sagte«, nahm David den Faden wieder auf und seine Stimme klang jetzt wieder entspannt und unaufgeregt. »Ich könnte die Geschichte damit beginnen, dass ich dir erzähle, was bei den Kindern, für die wir arbeiten, nicht in Ordnung ist. Und, wie du bereits sagtest, da liegt wirklich viel im Argen. Sehr viel«, wiederholte er mit leiserer Stimme.

»Aber es ist nicht richtig, damit anzufangen. Niemals.« David ließ den Satz eine Weile in der Luft stehen, bevor er fortfuhr.

»Hier bei uns fangen wir mit dem an, was in Ordnung ist. Und das Erfreuliche ist, dass es immer ganz viel gibt, das in Ordnung ist!«

»Das musst du mir jetzt erklären«, sagte Matt. »Es gibt ein Problem, aber ihr kümmert euch nicht darum?«

»Hör auf, Matt«, sagte David und seine Stimme klang jetzt streng. »Wir sprechen nicht über das Gleiche. Ich spreche über diese Kinder hier – ich möchte, dass du verstehst, wie wir den Schalter umlegen, sodass diese Kinder wieder zurück ins Leben finden, wie wir sie von Unbeteiligten wieder zu Beteiligten machen. Doch du sprichst von dir selbst – du möchtest, dass ich dir sage, wie du in New York das Steuer wieder herumreißen kannst.« David blickte Matt direkt in die Augen, seine Worte eine einzige Herausforderung.

»Hab ich was nicht mitgekriegt, David?«, entgegnete Matt und seine Frustration verlieh seiner Stimme eine gewisse Schärfe. »Bin ich nicht hergekommen, damit du mir hilfst?«

Davids Blick verlor an Strenge. »Ja, und ich verspreche dir, mein Bestes zu tun, um dir zu helfen, mein Sohn«, antwortete er. »Aber zu wessen Bedingungen soll die Hilfe deiner Meinung nach geleistet werden?«

Matt senkte die Augen. Sein Mentor hatte die Rangfrage gestellt. Und die Oberhand gewonnen. Er selbst war nicht hier, um zu sagen, wo es langging, oder? Also warum versuchte er es überhaupt? Und außerdem hatte David ihn als »Sohn« angesprochen – eine Anrede, die er als Jüngerer verdiente und die ihm gefiel, da sie von einem Freund kam.

»Zu deinen Bedingungen, David«, antwortete Matt und sah David wieder in die Augen. »Ich habe ja von Anfang an deinen Bedingungen zugestimmt und daher ist es gut, wenn ich dabei bleibe.«

»Ich würde vorschlagen, dass du die Hilfe zu den jeweils vorhandenen Bedingungen erhältst, die übrigens weder deine noch meine sind. Ich habe die Erfahrung gemacht, dass es so am besten läuft.« David lächelte nun wieder breit und die Fältchen um seine Augen vertieften sich wohlwollend.

»In der Tat ist es so«, fuhr David fort, legte seinem Schützling den Arm um die Schulter und steuerte ihn zu dem Reitplatz. »Die beste Art, die ich kenne, dir zu helfen, ist, dir zu zeigen, wie wir diesen Kindern hier helfen. Und noch besser wäre es«, fügte er hinzu, »wenn wir dich dazu bringen könnten, dich selbst für sie zu engagieren.«

»Einverstanden, gern«, antwortete Matt mit fester Stimme.

»Ich habe gestern gesagt, dass ich dir die drei Grundfähigkeiten vorführen möchte, die wir ihnen in unserem Modell beibringen wollen.« David öffnete das Gatter der äußeren Umzäunung, damit sie in den Bereich der Stallungen gelangen konnten. Innerhalb des Einfassungszauns befanden sich die langen rot getünchten Pferdeställe, am Ende der Ställe stand eine größere Scheune, durch deren offenes Tor man aufgestapelte Heuballen sehen konnte. Außerdem gab es noch mehrere kleine ovale Reitplätze mit weißen Zäunen. Einer von ihnen war offenbar ihr Ziel.

»In deinem Fall«, fuhr David fort, »kannst du dir diese Fähigkeiten als die drei A in unserer Engagement-Formel vorstellen, und zwar als einen dreiteiligen Plan für eine erfolgreiche Wende hin zu einem neuen Unternehmenskonzept. Dass es einen Unterschied macht, etwas von Schlecht nach Gut zu wenden oder etwas von Gut nach Ausgezeichnet zu bringen, ist der größte Mythos, den man ausmerzen muss. Es ist genau das Gleiche, Matt. Aber das habe ich früher nicht gewusst.«

Mit diesen Worten ging David an Matt vorbei und direkt auf das zu, was sich im mittleren Oval abspielte. Matt folgte ihm und dachte dabei über Davids kryptische Schlussbemerkung nach. *Es ist genau das Gleiche?* Aber wenn man mit etwas anfängt, das nicht funktioniert, muss man es doch sicher anders machen, als wenn man mit etwas anfängt, das funktioniert. Das war doch naheliegend.

»Ich möchte, dass du dich heute Morgen eine Zeit lang mit Sara Jarrel unterhältst«, sagte David und unterbrach damit Matts Gedankengang. Sie gingen bis an den Zaun heran. »Du hast sie gestern beim Klettern kennengelernt. Sie wird dir eine großartige praktische Einführung in den nächsten Teil unserer Engagement-Formel geben.«

Jetzt erkannte Matt das Mädchen in dem Korral. Es war tatsächlich Sara, deren Gesicht von einem breitkrempigen Cowboyhut fast verdeckt wurde. Er freute sich darauf, Zeit mit ihr zu verbringen, denn durch ihren entschlossenen Auftritt hatte sie seine Aufmerksamkeit erregt. Aber da war noch etwas, das sich hinter ihrem großspurigen Auftreten verbarg und womit sie sein Herz gewonnen hatte. Was auch immer sie durchgemacht hatte, was auch immer die Ursache dafür war, dass sie ständig auf Enttäuschungen lauerte – es hatte ihre Sehnsucht nach etwas Gutem nicht ausgelöscht. Sara hatte vielleicht keine richtige Kindheit gehabt, aber an dem Schimmer von Hoffnung, der hinter ihrem Panzer hervorlugte, konnte Matt immer noch das Kind erkennen.

Er sah auf seine Stiefel hinunter. Die Gedanken über Sara hatte ihn dazu gebracht, auch über sich selbst nachzudenken. Man konnte sich leicht in ihr wiedererkennen.

Matt stellte einen Fuß auf die unterste Querstrebe des Zauns und drehte sich zu David um. »Könntest du mir sagen, wie sich dieser nächste Teil nennt?«, fragte er. »Der, den du mir lieber von Sara zeigen lassen möchtest, als selber darüber zu reden.« Ein dankbares Lächeln umspielte seine Mundwinkel. Eine Beratung wie diese hatte er noch nie erlebt – offen gestanden war sie irritierend indirekt. Und doch wusste er im gleichen Moment, dass er am richtigen Ort Hilfe suchte.

»Die erste Fähigkeit, die wir nach unserer Engagement-Formel lehren, heißt *Challenge*, also Aufgabe oder Herausforderung«, antwortete David. »Aber wichtiger als der Begriff ist seine Bedeutung. Und dazu musst du dich darauf einlassen, Sara als deine Lehrerin zu betrachten.«

»Sara«, rief er laut. »Hast du ein paar Minuten Zeit für meinen Freund Matt?«

»Einen Moment noch«, sagte sie und trat etwa einen Meter vom Pferd zurück. Der Mustang wieherte und nun wandte sich Sara von ihm ab und ging dorthin, wo David und Matt am Zaun standen.

»Schön, dich wiederzusehen, Sara«, sagte Matt und streckte dem jungen Cowgirl die Hand entgegen. Er meinte es ehrlich und sein offenes Gesicht und der freundliche Blick unterstrichen seine Begrüßung.

»Ich freue mich auch, Sie wiederzusehen, Sir«, erwiderte Sara. Stolz aufgerichtet stand sie vor ihm und gab ihm fest die Hand.

Sie ist immer auf der Hut, dachte Matt, *doch zugleich hofft sie, dass sie Gesellschaft bekommt. Gesellschaft, der sie vertrauen kann*. Matt schwor sich, jeden Test zu bestehen, den Sara ihm auferlegen würde – wie auch immer dieser aussah.

»Sara ist vor einem Jahr zu uns gekommen und hat gelernt, wie man Pferde trainiert«, fuhr David fort, »und sie unterrichtet das inzwischen auch. Sie hat eine besondere Gabe für den Umgang mit den besonders ungebärdigen Exemplaren. Sie vertrauen ihr. Dabei ist es sehr schwer, sich das Vertrauen eines ungezähmten Pferdes zu verdienen.«

Ein Erröten und ein kleines stolzes Lächeln entschlüpfte Saras Abwehrhaltung. Sie warf ihrem Mentor einen schnellen, dankbaren Blick zu, den er auffing und gleich wieder freigab. Matt beobachtete, dass David in der halben Sekunde, die dieser Austausch währte, Sara ein kaum sichtbares Nicken, ein nur angedeutetes Lächeln geschenkt und ihr damit außerordentlich große Anerkennung vermittelt hatte. Und genauso schnell hatte er sie wieder freigegeben – zugelassen, dass sie ihren Blick abwandte und ihren Freiraum behielt.

»Ich bringe meinen Schülern ganz konkret bei, wie sie mit einem Pferd umgehen sollen«, fuhr David fort und drehte sich zu Matt um, »welche Gebärden und Verhaltensweisen sie verwenden sollen, wie sie sich dem Pferd nähern, wie sie das Verhalten und die Bewegungen des Pferdes deuten und wie und wann sie sich zurückziehen müssen. Das ist kein leeres Brimborium, sondern funktioniert wie beim Umgang mit Menschen. Allerdings unterscheiden sich Pferde in einer Hinsicht von uns: Hier ist es nicht die Kluft zwischen Worten und Taten, die geschlossen werden muss, sondern die zwischen Gebärden und Taten. Es geht natürlich auch hier um die ›Botschaften‹, die du aussendest – bei Pferden um die Bewegungen, mit denen du etwas ausdrückst – und darum, dass diese Gebärden deinem beabsichtigten Handeln entsprechen müssen. Wenn deine Gebärden und dein Handeln aus Sicht des Pferdes zueinander passen, dann wirst du das Vertrauen des Pferdes gewinnen.«

»Ich vertraue ihnen«, hielt Sara in leicht herausforderndem Ton dagegen. Sie warf David einen Blick zu, dann drehte sie sich zu Matt um und baute sich kämpferisch vor ihm auf. Bei dieser Pose musste Matt an einen schussbereiten Cowboy in einem alten Western denken, doch er unterdrückte ein Lachen. Das Leben hatte diesem Mädchen sicher mehr als genug Widersacher beschert.

»Mit Pferden wie diesen kann man nicht arbeiten, wenn man

ihnen nicht vertraut«, erklärte Sara provozierend und warf ihm sozusagen den Fehdehandschuh hin. »Wenn du kein Verständnis für sie hast oder dir nicht vorstellen kannst, wie es sich anfühlen würde, in ihrer Haut zu stecken, dann lassen Pferde wie diese dich niemals an sich heran.« Ihre Äußerung war tatsächlich als Herausforderung gemeint. Sie blickte Matt unverwandt an und wartete auf seine Antwort.

David blickte entspannt, aber mit leuchtenden Augen von Sara zu Matt und machte einen sehr zufriedenen Eindruck. Die Sache lief ausgesprochen gut – und wenn auch nicht genau nach Plan, so doch bestimmt so, wie er es sich erhofft hatte.

Matt blickte Sara noch eine Weile an, dann nickte er.

»Weißt du, Sara«, fing er an, »du hast da gerade etwas zu mir gesagt, was ich mal hören musste.«

Sara musste blinzeln. Das war nicht die Reaktion, die sie erwartet hatte und das musste sie erst mal verdauen. Denn es war nicht die Reaktion, von der sie enttäuscht gewesen wäre.

»Vielleicht hat David dir erzählt, dass ich ein paar berufliche Probleme habe.«

»Sie haben gestern so was gesagt«, unterbrach ihn Sara. Matt fiel auf, dass sie nicht mehr wie ein Revolverheld beim Showdown dastand. Jetzt handelte es sich einfach um ein Gespräch.

»Richtig, ich sagte gestern, dass ich nicht sicher sei, ob meine Mitarbeiter verstünden, was ich ihnen sagen wollte. David und ich haben später noch weiter darüber gesprochen. Er hat gesagt, dass es beim Klettern nicht so sehr um Kommunikation gehe, sondern um Vertrauen. Also ist die Frage: Haben meine Untergebenen Vertrauen zu mir und zu den Dingen, die ich ihnen klarmachen will?«

»Ich bin dabei, Matt mit dem Teil unserer Formel bekannt zu machen, der mit dem Vertrauen zu tun hat, Sara«, erklärte

David, »und ich habe ihm gesagt, dass wir uns heute mit den drei Fähigkeiten beschäftigen würden. Könntest du ihn wohl in die erste einführen?«

Sara nickte, sie hatte die Aufgabe verstanden.

»Übrigens, hast du dich schon für einen Namen entschieden, Sara?«, fragte David. Matt war verwirrt, doch Saras Gesicht leuchtete auf.

»Sara arbeitet nämlich gerade mit unserem neuesten vierbeinigen Rekruten«, erklärte David, zu Matt gewandt. »Zuerst habe ich das gemacht. Ach ja, als du mich letzte Woche anriefst, war ich gerade dabei, mit ihm zu arbeiten.«

»Sein Name ist *Arrow*, Pfeil«, sagte Sara, »aber ich würde eher sagen, dass ich endlich seinen Namen herausgefunden habe. Es käme mir falsch vor zu behaupten, ich hätte ihm den Namen gegeben.«

»Erzähl mal, wie du den Namen deines Pferdes gefunden hast!«, schlug David vor.

»Eigentlich war's ganz einfach«, antwortete Sara. »Wenn er rennt, sieht es aus, als ob er fliegt, aber natürlich nicht wie ein Vogel. Arrow rennt rasend schnell und schnurgerade.« Sie lächelte zufrieden. Mehr brauchte sie ja wohl nicht zu sagen.

»Ach sooo, wie ein Pfeil«, sagte Matt, ohne eine Miene zu verziehen. Es machte ihm Spaß, den Stichwortgeber zu spielen.

»Das ging aber fix«, gab Sara zurück, der dieses Geplänkel Spaß machte.

»Hab schon immer gesagt, dass du ein Schnelldenker bist, mein Junge«, sagte David und lachte leise. »Ich muss noch mal kurz etwas mit unserem Chefcowboy besprechen, Matt. Sara, könntest du dich einen Augenblick um Matt kümmern und ihm von der ersten Fähigkeit erzählen?«

»Gern«, erwiderte sie und sah dabei auch aus, als würde ihr

dies Freude machen. »Sie müssen nur einen kleinen Augenblick warten. Arrow ist nämlich für heute fertig.«

David ließ Matt am Zaun des Reitplatzes stehen und verschwand in einem der benachbarten Ställe. Sara ging zu Arrow zurück. Als sie näher kam, verlangsamte sie ihren langbeinigen, lässigen Gang und ergriff dann sanft die Zügel. Arrow schnaubte kurz und schüttelte den Kopf, als würde er die Luft, aber auch ihre Beziehung testen und dann drückte er seine Nase in Saras Schulter. Als dieses Ritual beendet war, führte sie Arrow aus dem Korral zurück auf die große, eingezäunte Weide, die sein derzeitiges Zuhause war.

Matt sah dem Pferd und dem jungen Mädchen nach; er war fasziniert davon, wie die Chemie zwischen ihnen stimmte und sie so ruhig und lässig nebeneinander hergehen ließ. Er hatte durchaus mitbekommen, was Sara ihm hatte sagen wollen. *Du kannst nicht mit einer jungen Frau wie mir zusammenarbeiten, wenn du mich nicht verstehst oder dir nicht vorstellen kannst, wie es wäre, ich zu sein. Dann würde ich dich nie an mich heranlassen,* dachte Matt. Da bin ich hergekommen wegen eines Lehrers und nun habe ich gleich zwei!

»Was hat David Ihnen schon über die erste Fähigkeit, die wir lehren, gesagt?«, fragte Sara. Sie hatte ihn zu einer hölzernen Doppelschaukel mit gitterartigen Lehnen geführt, die in der Mitte eines Gartenpavillons in der Nähe der Ställe stand. Über dem Sonnendach breiteten mehrere hohe Colorado-Kiefern schirmförmig ihre Äste aus. Ein Glas Limonade in der Hand, ein Ringbuch neben Sara auf der Bank, so saßen sie nun auf den sich gegenüberstehenden Schaukeln, die durch die gemeinsamen Bodenbretter miteinander verbunden waren. Hier bot sich eine Gelegenheit, sich mit mehr Muße zu unterhalten und, wie Matt hoffte, auch mit mehr Tiefgang.

»Also«, begann Matt und suchte nach den richtigen Worten, um das, was David ihm kurz vorher gesagt hatte, wiederzugeben. »Er sagte, dass ihr die erste Fähigkeit *Challenge* nennt, also Aufgabe oder Herausforderung. Und er sagte – soweit ich es verstanden habe –, dass ihr lernt, wie ihr das schlummernde Potenzial bei euren Leuten so aktiviert, dass ihr richtig gute Ergebnisse von ihnen bekommt.« Er hielt inne, um Saras Gesicht zu mustern. Sie stimmte energisch nickend zu.

»Und David hat gesagt, dass alles mit dem Vertrauen anfange. Wer andere führen will, muss die Kluft zwischen Reden und Handeln schließen, indem er tut, was er sagt.«

Sara nickte wieder. Vorläufig war es Sache des Schülers, zu zeigen, was er wusste. Die Lehrerin brauchte noch keine Instruktionen zu geben.

»Hat David auch erklärt, worum es bei der ersten Fähigkeit geht?«

»Er hat nur gesagt, dass du mir das erklären würdest«, antwortete Matt.

Sara lächelte. »Okay.« Jetzt wusste sie, wo sie anfangen musste. Sie schlug ihr Ringbuch auf und blätterte bis zu einer ziemlich abgegriffenen Seite.

»Ein Anführer muss eine klare Vorstellung von dem haben, was er erreichen will – eine Vision.« Sie blickte wieder von ihren Notizen auf. »Wenn man keine klare Vision hat, ist man auch kein Anführer.«

Matt nickte.

»Die Sache setzt sich aus zwei Teilen zusammen«, betonte Sara noch einmal, weil sie wohl nicht ganz sicher war, ob er ihr folgen konnte. »Du hast eine Vision«, zählte sie auf und hob einen Finger, »und die ist klar«, fuhr sie fort und der zweite Finger wurde hochgestreckt.

Matt nickte wieder.

Befriedigt fuhr Sara fort. »Bei uns hier nennen wir die Vision der Führungsperson das große Ziel. Alles fängt mit dem großen Ziel an – wer andere leitet, muss eine Antwort auf die Frage haben: ›Warum machen wir das alles?‹ Oder anders ausgedrückt: ›Welchen Sinn haben unsere Anstrengungen?‹«

»David und das Führungsteam haben mir dazu Folgendes gesagt: ›Das große Ziel dieser Ranch heißt: *Jedes Kind eine Hoffnung, jedem Kind ein Zuhause*.‹«

»Richtig«, bestätigte Sara. »Und wir alle leben unter diesem Motto. Auf der ›High Summit Ranch‹ zu sein bedeutet, sich selbst so zu disziplinieren, dass alles, was du tust, mit dem Satz ›Jedes Kind eine Hoffnung, jedem Kind ein Zuhause‹ auf einer Linie liegt. Aber jeder von uns ist auch ein Anführer in kleineren Dingen, sodass jeder Ziele setzen kann, die zur Verwirklichung der Gesamtvision der Ranch beitragen. – Eines der neueren Ziele, bei dessen Formulierung ich mitgeholfen habe, heißt, die wilden Mustangs so berühmt zu machen wie die Wale.« Sara hielt inne. Um ihre Augen herum zeichnete sich ein Anflug von Müdigkeit ab. Inzwischen blickte sie nicht mehr in ihre Notizen.

Matt nickte wieder. Er hörte ihr genau zu. Der Anführer kennt das große Ziel und stellt Aufgaben, die diesem übergeordneten Zweck dienen.

»Wir hatten schon seit Jahren das Ziel, Mustangs ein Zuhause zu verschaffen, aber mein neues Ziel ist es, dafür zu sorgen, dass mehr Menschen etwas über sie wissen, damit auch mehr Menschen den Wunsch haben, sie anzunehmen. Kennen Sie die Geschichte der Mustangs?«, fragte Sara und legte ihr mittlerweile wieder geschlossenes Ringbuch neben sich auf die Bank.

»Nein, eigentlich überhaupt nicht«, antwortete Matt.

Sara erklärte Matt, die Wildpferde seien ursprünglich in Nordamerika beheimatet gewesen und erst irgendwann in den vergangenen 8000 Jahren von diesem Kontinent verschwunden. Dann hätten die Spanier die Pferde wieder nach Amerika eingeführt und schon bald seien sie dann ein wesentlicher Bestandteil der indianischen Lebensform geworden. Im Laufe der Zeit seien aber sowohl den Spaniern als auch den Indianern so viele Pferde entlaufen, dass sich im ganzen Westen Wildpferdherden gebildet hätten.

»Genau genommen«, erzählte Sara angeregt, »nannte man sie erst dann Mustangs, wenn sie weggelaufen waren. *Mesteños* heißt auf Spanisch streunend oder verwildert. Irgendwas steckt in diesen Pferden, dass sie immer weglaufen wollen.« Bei diesen Worten blickte sie Matt durchdringend an.

Matt hielt dem Blick seiner neuen Lehrerin stand und nickte zum Zeichen seines Einverständnisses. Sie hatte ihm etwas Wesentliches klargemacht. Mustangs brauchten Freiraum. Sie brauchten Sicherheit. Und Sara brauchte dasselbe.

Sara fuhr mit ihrer Geschichte der Mustangs fort und erzählte, wie es mit diesen wunderbaren Pferden weiterging. Die Mustangs hatten keine natürlichen Feinde und deshalb nahm ihre Zahl zu.

»Davon fühlten sich die Leute, die das Land erschließen wollten, bedroht. Und deshalb will niemand offiziell zugeben, dass der Mustang ursprünglich in diesem Land beheimatet ist«, erklärte sie. »Wenn die Mustangs als Urbewohner dieser Gegend anerkannt würden, wären sie geschützt, so wie der kalifornische Kondor. Aber der Staat bezeichnet sie nur als ›wild lebende‹ Tiere, und das bedeutet, dass man sie zu Tausenden abschlachten kann. Es gibt grausige Geschichten darüber!«

Matt verstand jetzt, warum sie so gefährdet waren. Die Geschichte der Mustangs, dieser fortgelaufenen, heimatlosen Tiere, die Sara ihm erzählt hatte, ging ihm zu Herzen – und damit auch ihre eigene Geschichte, die sie indirekt miterzählt hatte.

»Schließlich hat der Staat eingegriffen und ein Mustang-Adoptionsprogramm verabschiedet, sodass man den wilden Mustangs heute ein gutes Zuhause geben kann. Aber es wird nur ein Bruchteil von ihnen vermittelt. Und an dieser Stelle kommen mein Team und ich ins Spiel.«

»Ihr wollt das bekannt machen, damit mehr Mustangs adoptiert werden«, ergänzte Matt verwundert und bewegt von dem eben Gehörten. Das Mädchen vor ihm widmete sich mit Leib und Seele ihrem Anliegen – Pferden ein Zuhause zu verschaffen – und dabei war sie selbst doch diejenige, die eine Familie brauchte.

»Genau. Unser Ziel ist es, die Mustangs berühmt zu machen, und zu diesem Zweck haben einige von uns ›Zielverwirklichungs-Teams‹ gegründet, um zum Erfolg beizutragen.«

»Zielverwirklichungs-Teams«, wiederholte Matt. »Und das sind eure Arbeitsgruppen?«

»Tut mir leid, ich stelle alles durcheinander dar«, entschuldigte sich Sara. »Also, hier wird aus jedem Kind ein Leiter oder Anführer. Jedem Kind wird dabei geholfen, ein Ziel zu setzen. Und was soll ein Anführer mit einem Ziel, wenn er kein Team hat?« Sara stellte diese Frage mit einem Blick, der ausdrücken sollte: *Verstand sich das nicht alles von selbst?*

»Ein Anführer braucht Menschen, die ihm helfen, stimmt's?«, sagte Sara abschließend und kam nun wieder auf die ursprüngliche Frage zurück. »Deshalb lernen wir hier, auf welche Weise wir unser Ziel in die Engagement-Formel übertragen können und wie wir es anstellen müssen, damit die richtigen Leute ins Team kommen, sodass wir auch wirklich erfolgreich sind. – Und darum geht es bei ›Challenge‹, dem Stellen der Aufgabe«, schloss sie und holte tief Luft.

Matt bat Sara, ihm noch mehr über die erste Fähigkeit zu erzählen. Daraufhin erklärte sie, dass sich die Aufgabe auf alles beziehe, was dazu gehöre, einen »Schlachtplan« zu entwerfen. Als Erstes stelle der Leiter dem Team die Aufgabe vor. Und dazu gehörten drei Punkte. »Pläne«, sagte sie und hob den Zeigefinger, »Stärken«, das war der zweite Finger, und »Rollen« – der dritte Finger.

»Der Anführer stellt eine klare Aufgabe«, fasste sie zusammen. »Hier ist das Ziel und der Plan. Dies sind die Talente und Stärken, die wir benötigen. Und dann kommt: Wer soll was tun, bis zu welchem Zeitpunkt und so weiter. Verstehen Sie?«

Matt war sprachlos – nicht, weil er noch nie von einem derartigen richtlinientreuen Vorgehen gehört hatte, sondern weil er von einer Sechzehnjährigen mit schwerer Kindheit darüber belehrt wurde.

»Die Sache mit den Stärken und Rollen verschlingt immer die meiste Zeit. Worin ist man gut? Wobei kann man am meisten leisten? – Ihr Mund steht offen«, unterbrach sich Sara und kicherte.

»Ja, weil das, was du mir gerade erzählt hast, genau dasselbe ist, was sie mir an der Uni beizubringen versuchten«, antwortete Matt und schloss den Mund.

Auf Saras Gesicht erschien ihr bisher breitestes Lächeln, diesmal war es ein typisches Teenager-Lächeln, glücklich, sorglos und angeregt von der Vorstellung, mit etwas so Wichtigem betraut zu sein. Es schien sie besonders froh zu machen, dass Matt für ihre ehrlichen Bemühungen, etwas Wichtiges zu tun, echten Respekt aufbrachte und dass er sie wie eine Erwachsene behandelte.

Matt gab das Lächeln zurück, sah ihr kurz in die Augen und machte es sich dann wieder auf seiner Schaukel gemütlich. Er ließ seinen Blick über die majestätischen Gipfel im Westen schweifen, vergaß dabei aber keinen Augenblick das junge Mädchen ihm gegenüber. Damit gab er ihr den nötigen Freiraum, denn nun hatte Matt Davids Lektion begriffen und überließ es ihr, ihre eigenen Entscheidungen zu treffen.

Dabei kam ihm erneut Molly in den Sinn. Zu Anfang hatte sie eine ganze Serie von neuen Verkäufen abgeschlossen. Sie war eventuellen Neukunden hartnäckig auf den Fersen geblieben und dabei immer so gewinnend, aufmerksam und charmant aufgetreten, dass ihre Hetzjagd niemanden gestört hatte.

Dann hatte Matt Molly befördert und ins Kundenmanagement geholt. Da die Kunden gern mit ihr als Verkaufsrepräsentantin zusammengearbeitet hatten, verlangten sie, dass sie ihre Etats weiter betreute. Molly hatte etwas unsicher auf die Versetzung reagiert, aber Matt hatte ihr erklärt, dass es viel leichter sei, Kunden zu betreuen, die man bereits für sich gewonnen hat, als neue Kunden zu gewinnen. Außerdem hatte er gerade einen Etatmanager verloren und man hatte sie direkt angefordert.

Er hatte gewusst, dass Molly sich fortbilden musste, um im Management ebenso erfolgreich zu sein wie vorher im Verkauf, aber Weiterentwicklung ist ja immer ein Lernprozess. Er war sich jedenfalls sicher gewesen, dass Molly die Beständigkeit des Etatmanagements der ständigen Unsicherheit bei der Neukundenakquise vorziehen würde.

Je länger Matt über seine Handlungsweise nachdachte, desto stärker wurde seine Ahnung der eigenen Inkompetenz. Er hatte einen Superstar im Verkauf gehabt. Deshalb hatte er ihr ein ganz neues Aufgabengebiet gegeben – in seinen Augen der normale Karriereschritt. Er hatte geglaubt, er hülfe ihr damit, so wie andere ihm geholfen hatten – vom Verkäufer zum Etatmanager, vom Etatmanager zum Abteilungsleiter. Matt fühlte sich krank.

»Ich bin gerade dabei, ein neues Team aufzustellen, Matt«, sagte Sara zögernd. Geistesabwesend griff sie nach ihrem Ringbuch. Matt konzentrierte sich wieder aufs Zuhören. »Ich möchte Arrow fürs *Barrel Racing* trainieren. Es hat noch nie einen Sieger mit Mustangblut bei diesem Wettbewerb gegeben. Und deshalb kam ich darauf, dass es *die* Möglichkeit wäre, die Mustangs bekannter zu machen.« Sara sprach jetzt sehr hastig, sie wirkte weniger selbstsicher und sah ihn bittend an. Ihre Finger umklammerten das Notizbuch so fest, dass ihre Knöchel weiß wurden. Aus der jungen Frau war vor Matts Augen wieder ein Kind geworden. »David sagt, Arrow sei was ganz Besonderes. Er habe noch nie ein Pferd mit solchem Körperbau und Kampfgeist gesehen. Ich will mit ihm Rennen reiten, Matt!« Diese Absichtserklärung war sowohl ein Appell an sein Herz als auch eine Verlautbarung. »Wollen Sie bei meinem neuen Team mitmachen?«

Jetzt war es heraus. Matt hatte sich schon gefragt, weshalb sich diese selbstsichere junge Frau in ein eifrig bittendes Mädchen verwandelt hatte. Sie brauchte also seine Hilfe. Aber inwiefern konnte er ihr helfen? Er konnte sich ja nicht einmal selber helfen.

»Ich verstehe nichts von Pferden«, antwortete Matt und seiner Stimme war die Verzweiflung anzuhören, die in ihm aufstieg.

»Aber ich«, sagte Sara, »und unser Chefcowboy und David auch. Aber Sie können Sachen, die wir nicht so gut können.«

»Aber ich lebe doch in New York.« Matt fühlte sich bemüßigt, darauf hinzuweisen.

»Können Sie denn nicht auch von New York aus etwas tun?«, fragte Sara mit noch kleinerer Stimme. »Und worin sind sie eigentlich gut?«, setzte sie hinzu. Man hatte ihnen eingebläut, diese Frage zu stellen – sich selbst und anderen. *Worin bin ich gut? Worin bist du gut?* Hatte in ihrer Frage nicht schon eine gewisse Enttäuschung mitgeschwungen, weil sie überlegte, ob Matt überhaupt für etwas gut sei und dann noch speziell für sie? Im Innersten fragte sie sich wohl, ob ihr selbst noch zu helfen sei.

Matt beugte sich vor, stützte die Ellbogen auf die Knie und legte den Kopf in die Hände. Eins war klar: In Situationen wie dieser war er nicht gerade in Bestform; seine Frau würde ihm da hundertprozentig beipflichten. Da saß ein Mensch vor ihm, der mehr von ihm brauchte, als er bekam, und noch mehr forderte. Genau wie Alice. Genau wie seine Abteilung. Genau wie seine Vorstandskollegen bei Lumina.

Mit einem Ruck hob Matt den Kopf wieder, und zwar so plötzlich, dass Sara zusammenzuckte. Doch als sie seine erstaunte Miene sah, lachte sie unwillkürlich hell auf. Denn Matt machte den Eindruck, als sei ihm gerade ein Licht aufgegangen – und wenn er eine Idee hatte, dann war das genau das, was sie brauchte.

»Werbung!«, rief Matt aus. »Ich arbeite in der Werbung!«

»Und sind Sie gut darin?«, fragte Sara und musste dann kichern. Wie sich das anhörte! Dabei hatte sie ihn nur fragen wollen, ob das seine Stärke sei, und nicht, ob er seine Arbeit gut mache.

Matt stimmte in ihr Lachen ein, wenn auch nicht ganz so fröhlich. »Gut in der Werbung? Ja. Super, um es genau zu sagen. Ich war einer der Besten.« Er schüttelte traurig den Kopf. »Sara, ich bin hervorragend in Werbung und Marketing und deshalb hat man mich befördert – zum Leiter der Abteilung für neue Strategien und Kundenbetreuung. Aber ich muss dir gestehen, dass ich kurz davor bin, mich als totaler Versager in der Mitarbeiterführung zu erweisen.«

»Sind Sie deshalb hier?«, fragte Sara mit festem Blick, sie hatte wieder Boden gewonnen.

»Ja, deshalb bin ich hier.«

»Gut«, rief sie begeistert aus, schlug ihr Ringbuch auf und notierte etwas. »Also, Sie helfen mir bei der Werbung und ich helfe ihnen bei der Sache mit der Menschenführung.« Nun lächelte Sara zufrieden. *Er konnte ihr helfen. Sie konnte ihm helfen. War das nicht super?*

»Was ist das eigentlich für ein Notizbuch?«, wollte Matt wissen. Sara blickte verblüfft auf. »Nein, ich wollte nicht persönlich werden«, sagte Matt schnell und eine leichte Röte breitete sich auf seinen Wangen aus. »Ich sah nur, dass du eben etwas aufgeschrieben hast.«

Sara kicherte. »Da steht auch nichts Persönliches drin«, sagte sie. »Ich dachte, David hätte Ihnen schon von unseren Arbeitsbüchern erzählt. Komisch, dass er es nicht getan hat. Bitteschön«, fügte sie hinzu und reichte Matt das Ringbuch. Auf dem Umschlag stand

Arbeitsbuch von Sara Jarrel

So erreiche ich mein Ziel

Vorbereitung, Durchführung, Bewertung

»Sehen Sie, hier«, erklärte Sara und langte mit der Hand an ihm vorbei, um eine Seite aufzuschlagen, die sie von oben bis unten in akkurater Druckschrift beschrieben hatte. »Da steht, worüber wir gerade gesprochen haben.«

Matt überflog die von ihr ausgesuchte Seite. Dann blätterte er um und erkannte, dass Saras Notizbuch ein detailliertes Arbeitsheft war, mit Schritt-für-Schritt-Anleitungen, um sich über Vision und Mission klar zu werden, Ziele zu setzen, Pläne aufzustellen, Projekte durchzuführen und zu managen und sie abschließend zu bewerten. Dies gab ihm eine ungefähre Vorstellung davon, was David in den nächsten Tagen mit ihm vorhatte. Er stellte auch fest, dass Sara bereits viele der in dem Heft enthaltenen Arbeitsblätter ausgefüllt hatte.

V x 3A = E

Engagement-Formel

V (Schließen der Wort-Tat-Kluft)

Vertrauen (Glaubwürdigkeit der Führungsperson)

3 A (Schließen der Kluft zwischen Geldverdienen und höherem Zweck)

Aufgabe stellen (Vorbereitungsphase)

Pläne, Stärken, Rollen

Annehmen lernen

»Schließen der Kluft zwischen Geldverdienen und höherem Zweck?«, fragte Matt nach. »Was soll das denn heißen?«

»Das versteht man später«, erwiderte Sara. »Wenn man die drei »A« richtig umsetzt – die Vorbereitungsphase, die Durchführungsphase und dann die Bewertungsphase –, verändert das die Einstellung der Leute zu ihrem Job. David sagt, viele Leute hätten das Gefühl, ihre Arbeit sei ziemlich sinnlos – es gehe ihnen nur noch um das Geld.«

»Hab ich da eben meinen Namen gehört?« David schlenderte heran und lächelte seinen Schützlingen zu.

»Eigentlich wurde es gerade interessant«, sagte Matt – zugegebenermaßen ein bisschen gereizt wegen der Unterbrechung seiner Lektüre von Saras Notizen.

»Na, hast du es geschafft?«, fragte David Sara.

»Klar!«, antwortete sie und nahm ihrem neuesten Teamkollegen ihr Ringbuch wieder ab. »Er wird Mitglied in meinem neuen Zielverwirklichungs-Team. Und wenn er möchte, werde ich auch Mitglied in seinem Team, sofern er mir sagt, worum es da geht.« Sie war wieder ganz sie selbst.

»Ach nee, das war also ein Treffen zwecks Mitgliederwerbung!«, rief Matt erstaunt und blickte von einem zum anderen. Beide, der alte Freund ebenso wie die neue Verbündete, lächelten hochzufrieden.

»Würdest du mir nun noch mehr von Sara erzählen, David?«, fragte Matt. »Wie ist sie hier gelandet? Warum legt sie sich so ins Zeug? Was ist ihre Triebfeder? Und warum hat sie so viel Angst?« Das Abendessen war schon lange vorüber und der Tag neigte sich dem Ende zu. Die beiden Männer hatten sich erst eine Zeit lang in Davids Büro unterhalten, dann waren sie zu einem abschließenden Spaziergang nach draußen gegangen. Kleine, mit Solarzellen betriebene Leuchten erhellten den Weg; ihr sanftes blaues Licht lenkte sie eine leichte Steigung hinauf zu den ersten Gebirgsausläufern etwas oberhalb des Ranchhauses.

Matt hatte den Tag damit verbracht, die Mitglieder von Saras neuem Team kennenzulernen. David war dabei, dann Stu, der Chefcowboy der Ranch, eine Reihe von Schülern, die Matt zum ersten Mal vorgestellt wurden, und Tyler, der Junge, der sich am Vortag zum ersten Mal von einer Klippe abgeseilt hatte. Im Laufe des Team-Meetings hatte David ihnen einen Überblick über die Bestandteile der zweiten Fähigkeit gegeben, *Charge* – »Anpacken« genannt, und Matt hatte sich gefreut, dass er dank Saras Notizen schon ein wenig darüber informiert war.

Während des restlichen Tages hatte Tyler sich immer wieder zu Matt gesellt; andauernd saß er neben ihm oder hielt sich ein paar

Schritte hinter ihm, wenn sie von einem Ort zum anderen gingen. Beim Abendessen hatte Matt ihn zu sich gerufen und ihm den Stuhl neben sich angeboten. Während der ganzen Mahlzeit hatte der kleine Viertklässler nur noch Augen für seinen großen neuen Freund gehabt. Hinterher hatte David ein paar ernste Worte mit Matt gesprochen. »Ich finde es schön, dass du dich für den Jungen interessierst«, sagte er, als sie zusammen in seinem Büro saßen, »aber wenn du freundschaftliche Beziehungen mit ihm anknüpfst, denk daran, dann musst du mit ihm in Kontakt bleiben! Karten schreiben, ihn anrufen, ihm ab und zu ein kleines Geschenk schicken. Tyler braucht Menschen, die mit ihm in Verbindung bleiben.«

Während sie jetzt den mittels Solarenergie beleuchteten Weg nach oben wanderten, sprach David von Sara. »In ihrem Fall wäre es mir lieber, Matt«, sagte er, »wenn sie dir ihre Lebensgeschichte selbst erzählen würde. Überlass es ihr, auf welche Weise sie das tun möchte. So kann ihr Vertrauen zu dir wachsen.«

Matt akzeptierte, dass David nicht über Saras Vergangenheit reden wollte, ja, er verstand, wie klug dies war. Sie gingen weiter ungezwungen nebeneinander her und Matt informierte David darüber, was er zur Fähigkeit »Aufgabe stellen« *(Challenge)* erfahren hatte.

»Wenn wir mit Pferden arbeiten, Matt – oder mit den Kindern –, nehmen wir sie so an, wie sie sind. Wir lieben und wir achten sie. Das ist unser Ausgangspunkt.« David hielt ihn am Ärmel fest und blieb stehen. Nicht weit von ihnen hatten sich ein paar Dutzend Leute rund um ein offenes Feuer versammelt, es waren Kinder und Jugendliche sowie Mitarbeiter der Ranch.

»Ihr fangt nicht damit an, was an den Kids auszusetzen ist«, sagte Matt und dachte dabei an Davids frühere Bemerkungen – war das wirklich erst heute Morgen gewesen?

»Ein Anführer, der vorhat, eine Sache durchzuführen, beginnt damit, dass er seine Leute bittet, ihre wie auch immer gearteten Stärken und Talente einzubringen, damit der Plan erfolgreich umgesetzt werden kann. Er bündelt die Pluspunkte, indem er den Leuten Rollen zuweist, in denen sie erfolgreich sein können. Aber was wir noch lernen müssen, ist das Annehmen. Unsere Haltung muss stets eine des Annehmens und Wertschätzens, der liebevollen Zuwendung sein, wenn wir möchten, dass die Menschen, die uns helfen, auch das Risiko eingehen, sich mit ihrer ganzen Kraft der Sache zu widmen.«

»Ich kann mir vorstellen, dass es für diese Kinder eine wichtige Bestätigung ist, wenn ihnen dabei geholfen wird, ihre Ziele zu erreichen. Das muss doch ihr Selbstwertgefühl ganz erheblich steigern«, meinte Matt.

»Ich will dir etwas verraten, Matt«, erwiderte David. »Auch wenn sie ihre Ziele erreichen, bekommen diese Kinder dadurch kein Selbstwertgefühl. Das Gefühl, dass sie etwas können, ja, das wohl. Aber nicht, dass sie etwas wert sind.«

Matt schwieg und wartete darauf, dass David ihm diese sonderbare Behauptung verständlich machte.

»Paradoxerweise nimmt das Bewusstsein ihres eigenen Werts dadurch zu, dass sie in den Teams ihrer Kameraden mitmachen. Wenn sie erkennen, dass sie für jemand anders wichtig sind, und sich für die Ziele und Träume eines anderen einsetzen, dann kommt wirklich etwas Fantastisches dabei heraus. Könnte in deinem Fall übrigens genauso sein, mein Freund«, fügte David hinzu. »So, komm mit. Wir werden schon erwartet.«

Matt folgte David zum Feuerplatz, und dabei ratterte es in seinem Kopf, weil er versuchte, das eben Gehörte mit seiner eigenen Führungskrise in New York in Verbindung zu bringen. Wie oft nahm er Randys Sachverstand in Anspruch, wenn er an einem Problem in seiner Abteilung zu knabbern hatte? Wie oft forderte er jemanden von seinen besten Verkäufern auf, nach Lösungen für die Führungs- und Leistungsprobleme zu suchen, mit denen er sich herumschlug? Nein, das war ihm überhaupt noch nie in den Sinn gekommen. Schließlich stand er ja an der Spitze. War er damit nicht derjenige, der wissen sollte, wo es langging? Aber hatte ihm David nicht gerade erklärt, dass die wirklich tollen Dinge erst dann passierten, wenn aus den Führungspersönlichkeiten Menschen wurden, die Hilfe annehmen konnten?

Was hätte sein Team ihm wohl alles mitteilen können, wenn er nur fähig gewesen wäre, zuzuhören? Wie viel wusste Randy bereits über alles, was daneben gegangen war? Was wusste Molly? Und was wäre passiert, wenn er die beiden ins Vertrauen gezogen hätte? Hätten sie seine Entscheidungen vielleicht so beeinflusst, dass es zu besseren Ergebnissen gekommen wäre?

Matt blickte in den Nachthimmel. Die glänzenden Gestirne schienen zum Greifen nah.

»Ein Abschnitt aus den Psalmen«, war die ganze Einleitung, die David gab. »Seht bitte nach oben«, fügte er hinzu, räusperte sich und wartete, bis das Füßescharren und gedämpfte Flüstern aufgehört hatte. Das Knacken und Fauchen des lodernden Feuers verband sich mit dem Zirpen tausender Grillen zu einem Klangteppich, der perfekt zu dem funkelnden Sternenhimmel passte.

»Denn so hoch der Himmel über der Erde ist«, rezitierte David dann mit klarer, volltönender Stimme, »so groß ist Gottes Liebe zu uns.«

Matt wartete darauf, dass sein Mentor fortfuhr, bis ihm klar wurde, dass David bereits geendet hatte. Das helltönende Prasseln des Feuers und der vielstimmige Chor der Grillen beherrschten wieder die nächtliche Klangwelt. Wohlig eingehüllt wie in ein wärmendes Tuch aus Tönen hingen die rund um das Feuer versammelten Männer und Frauen ihren Gedanken nach.

So hoch der Himmel über der Erde ist. Matt ließ sich die Worte, die er gerade gehört hatte, noch einmal durch den Kopf gehen und versuchte, sich in ihr Ausmaß hineinzudenken. *So groß ist Gottes Liebe zu uns*. Er schüttelte den Kopf. Was er nicht begreifen konnte – und zwar weniger noch als die unendliche Weite des Universums, das sich über ihm erstreckte –, war die Vorstellung, in einem solchen Ausmaß geliebt zu werden; unglaublich, dass irgendjemand – und ganz besonders Gott – dies überhaupt wollte. Matt senkte die Augen und blickte, in seine geheimsten Gedanken versunken, ins knisternde Feuer.

Nach und nach löste sich der Kreis der Jugendlichen und Mitarbeiter auf, einer nach dem anderen ging den Pfad hinunter zurück zum Haus, um schlafen zu gehen. David blieb an seinem Platz, bis außer ihm nur noch Matt übrig war, der immer noch wie gebannt vor dem Feuer stand. Für einen Augenblick versetzte sich David in die Lage seines Freundes; er hätte sich am liebsten auch zurückgezogen und Matt der tiefen Einsamkeit überlassen, die er jetzt sicher brauchte. Aber es gab noch andere Gesichtspunkte – sein Freund war eine ziemlich wehrlose Großstadtpflanze und in dieser Gegend trieben sich gern Berglöwen herum.

»Wollen wir gehen, mein Freund?«, fragte David schließlich mit ruhiger, tiefer Stimme.

»Gehen – aber wohin?«, entgegnete Matt und blickte zu ihm auf.

David signalisierte ihm durch ein Lächeln sein Verständnis. Eine ausgezeichnete Frage, die auch er sich bei so mancher wichtigen Gelegenheit gestellt hatte.

»Vorläufig nur zu Bett«, antwortete er und lächelte immer noch. »Was morgen ist, weiß Gott allein.«

Die Aufgabe anpacken

»Ich habe dir noch nicht alles gesagt, David.« Matt saß auf dem breiten Ledersofa in der Wohnung seines Mentors – bestehend aus Schlafzimmer, Bad und Wohnzimmer – in dem großen, mit allerlei Anbauten versehenen Ranchhaus; sein Freund, noch im Pyjama, saß ihm gegenüber in einem schweren Lehnstuhl.

Als Matt kurz zuvor an Davids Tür geklopft hatte, war diese fast sofort geöffnet worden. David sah hellwach aus, fast als habe er ihn erwartet. Matt hatte schon fast eine Stunde wach im Bett gelegen – wieder war er dank seiner inneren Uhr, die immer noch nach New Yorker Zeit ging, zu früh aufgewacht – und schließlich war er aufgestanden und den Flur hinunter zu der Tür gegangen, hinter der David gestern verschwunden war. Er war sich dabei dumm vorgekommen, wie ein dummer kleiner Schwächling, aber er hatte es trotzdem getan. Heute Nacht oder nie, dachte er. Diesmal war er dran, »den Alten« zu wecken. Mit jeder Stunde, die er auf der Ranch verbrachte, fühlte Matt sich mehr wie einer der Jugendlichen und nicht wie ein Erwachsener.

»Ich habe nicht nur bei der Arbeit Probleme.« Matt stieß dies mit der grimmigen Entschlossenheit eines bußfertigen Sünders hervor, der seinem Beichtvater nun auch noch den bitteren Rest bekennen will.

David wirkte heiter und entspannt. Mit der gleichen Miene hätte er sein Lieblingspferd striegeln oder am Abend eines erfüllten Tages den Sonnenuntergang hinter den Bergen betrachten können. Matts Enthüllung eines weiteren Problems – oder womöglich mehrerer – war alles andere als eine Überraschung für ihn.

»Meine Ehe ...«, begann Matt und brach genauso plötzlich wieder ab, weil seine Stimme versagte und er von Gefühlen übermannt wurde, die er schon sehr lange verdrängt hatte. Er barg das Gesicht in den Händen, denn seine in vielen Jahren antrainierte Selbstbeherrschung reichte nicht aus, um seine Tränen zurückzuhalten. *Heute ist wirklich nicht meine Nacht*, dachte Matt und wunderte sich selbst über den Kummer, der unversehens aus seinem Innersten hervorbrach und sich nicht mehr verdrängen ließ. Er beobachtete seinen eigenen Kontrollverlust mit echtem Erstaunen.

David wartete und schließlich kam Matt wieder zu Atem.

»Alice und ich sind jetzt neunzehn Jahren verheiratet«, versuchte er es erneut und starrte mit gesenktem Kopf auf seine im Schoß verschränkten Hände. »Wir waren schon während der Graduate School fest befreundet und haben uns wirklich geliebt.«

David holte tief Luft und stieß sie langsam wieder aus. Seiner Erfahrung nach bestand für eine Ehe, die mit einer großen Liebe begonnen hatte, immer enorm viel Hoffnung – auch wenn die Beziehung inzwischen noch so schlecht geworden war.

»Du hast mich damals mit Alice bekannt gemacht, Matt«, warf er ein. Matts unsicherer Ausdruck verriet, dass er diese Tatsache völlig vergessen hatte. »Bei deiner Examensfeier habe ich mich kurz mit ihr unterhalten und dabei genau das empfunden, was du eben gesagt hast. Sie hat dich wirklich geliebt.«

»Ja«, sagte David. »Und ich sie. Aber dann kam die Arbeit –

Stunden, Tage und Jahre randvoll mit Arbeit. Sie machte Karriere als Juristin, während ich in die Werbung ging. Und es schien wirklich alles in Ordnung zu sein. Das Leben war spannend und wir liebten uns.« Matt machte eine Pause und überlegte, wie er fortfahren sollte.

»Alice ist gerade 44 geworden«, sagte er und blickte David beschwörend an. »Wir haben fünf Jahre lang versucht, ein Kind zu bekommen. Eigentlich hatten wir keine Kinder gewollt. Alice wollte keine«, setzte er hinzu. »Nein, ich auch nicht. Und dann, also ...« Matt schwieg wieder. »Dann haben wir unsere Meinung geändert.«

David hielt sich weiter zurück, denn er wusste, dass noch mehr kommen würde.

»Es gibt keinen Grund dafür, dass es nicht klappt, David. Wir waren bei sämtlichen Ärzten, haben alles versucht. Aber es gibt keine Erklärung.« Matts Unbehagen nahm deutlich zu; er verknotete die Hände, schüttelte den Kopf. David wartete.

»Wir wünschten uns so sehr ein Kind«, sagte Matt mit etwas lauterer Stimme. »Wir wollten es unbedingt, wirklich – und wir können uns nicht verzeihen ...«

David rutschte auf dem Sitz nach vorn, er wartete alarmiert auf das, was nun kommen würde. Matt rang die Hände, er rieb sie aneinander, als wollte er sie unter einem Wasserstrahl waschen. Schließlich hörte er damit auf und blickte David in die Augen.

»Alice wurde mit 22 schwanger, im ersten Jahr auf der Law School. Ich war 25, hatte gerade mit der Business School angefangen. Wir gingen noch nicht lange miteinander und es war der falsche Zeitpunkt für eine Schwangerschaft. Alice hätte ihr Studium abbrechen müssen«, fügte er Verständnis heischend hinzu. »Was haben wir uns damals bloß gedacht?« Matt brachte diese letzten, verzweifelten Worte kaum heraus. Seine Züge waren qualvoll verzerrt. »Oh, mein Gott«, flüsterte er und verbarg wieder sein Gesicht in den Händen.

David war mit einem Sprung neben ihm und legte den Arm um ihn, während Matt versuchte, sich zu beruhigen. Lange Minuten vergingen, in denen David nur wiederholte: »Tut mir so leid für euch, Matt.«

»Es wäre ein Junge geworden«, stieß Matt hervor. Ein kurzer Satz, doch dahinter verbarg sich ein ungeheurer Schmerz.

»Heute bereust du, was passiert ist, Matt«, sagte David schließlich und rückte ein Stück zur Seite, um seinem Freund in die Augen zu sehen. Seine Worte waren fest, doch sein Blick hätte nicht gütiger, sein Gesichtsausdruck nicht weicher sein können. »Aber damals kam es euch richtig vor. Ihr habt eure Entscheidung nach bestem Wissen und Gewissen getroffen. Ihr glaubtet, es wäre die beste Lösung.«

Matt nickte. Ja, genauso war es gewesen.

»Heute, im Rückblick, empfindet ihr bittere Reue. Die Zeit, das Leben und eure Erfahrungen haben euer Denken und Fühlen verändert.«

Matt nickte abermals zustimmend. Es war ein Schock gewesen, als Alice entdeckt hatte, dass sie schwanger war. Nach einem tagelangen, albtraumhaften Auf und Ab der Gefühle hatten sie getan, was vernünftig zu sein schien. Alle, die sie um Rat gefragt hatten, hielten ihre Entscheidung für vernünftig. Heute jedoch hätten sie die Erinnerung an das, was sie getan hatten, gern so weit wie möglich weggeschoben. Aber das führte nur dazu, dass sie sich auch gegenseitig abwiesen und keiner den anderen an sich heranließ.

»Ihr würdet euch gern vergeben, aber ihr wisst nicht, wie«, fuhr David fort. »Und das bringt euch beide immer weiter auseinander und zerreißt euch innerlich.«

Bei diesen Worten spürte Matt, dass er Alice immer noch liebte. Ja, er liebte sie mit allen Fasern seines Herzens. Und genau das konnte er nicht ertragen. Weit wegschieben wollte er den großen Schmerz, den er jedes Mal empfand, wenn er sie anblickte oder daran dachte, was sie getan hatten.

»Matt«, sagte David und seine Stimme klang wieder sehr bestimmt. Matt sollte ihm ganz genau zuhören. »Jeder Mensch wird von Reuegefühlen gequält. Wir alle tun Dinge, die wir uns nicht verzeihen können, und sind am Ende untröstlich. Aber wenn es so ist, dann gibt es noch Hoffnung für uns. – Jetzt hör mir gut zu.«

David war es gelungen, Matts volle Aufmerksamkeit zu gewinnen. Die Festigkeit seiner Stimme und die Strenge seiner Sprache fesselten den jüngeren Mann. Matt hätte ein in einem brennenden Haus zurückgelassener Junge sein können, der von seinem rußgeschwärzten Retter strikte Anweisungen zugerufen bekommt. Die Worte, die er hörte, waren Rettungsleinen. Ihre Entschiedenheit machte sie nur noch wirkungsvoller. Matt lauschte gebannt.

»Hier bei uns sprechen wir vom Stolpern. Alice und du, ihr seid gestolpert. Es war ein Fehltritt, der einen unermesslich hohen Preis hatte, und diese Schuld lässt sich nicht begleichen.« Matts Augen ließen Davids nicht los. »Ihr werdet sie nie abtragen können, Matt. Darüber müsst ihr euch im Klaren sein. Keine heroischen Taten und keine noch so großen Anstrengungen können etwas an dieser Tatsache ändern. Ihr könnt das Geschehene nicht ungeschehen machen. Und damit willkommen beim Rest der Menschheit, mein Freund!«, sagte David und seine gesamte Haltung, sein Tonfall und sein Gesicht drückten jetzt nichts als Güte aus.

Matt konnte nur schweigend seinen Blick erwidern. Irgendwie

hatte er das alles schon gewusst. Er hatte Mist gebaut, den allergrößten. Und mehr als er ertragen konnte. Und er vermochte nicht das Geringste daran zu ändern.

»Du fragst dich wohl, ob ich noch irgendetwas Positives für dich in petto habe«, sagte David.

»Also, ja und nein«, erwiderte Matt. »Was du eben gesagt hast, musste sicher ausgesprochen werden, auch wenn ich es eigentlich schon wusste. Es tut gut, wenn man erfährt, dass man den Karren in den Dreck gefahren hat und ihn nur deshalb nicht wieder rausziehen kann, weil er nun mal festsitzt. Ich meine, das ist immer noch besser, als wenn es daran läge, dass man sich nicht genügend angestrengt hat. Denn ich habe wirklich alles versucht, David.«

»Ja, das hast du«, bestätigte ihm David. »Und deshalb ist die Frage jetzt: Muss der Karren unausweichlich im Dreck stecken bleiben?«

Matt zuckte mit den Schultern. Lag die Antwort nicht auf der Hand?

»Die Antwort heißt nein. Du brauchst nicht ewig stecken zu bleiben. Du kannst zwar nichts ungeschehen machen, aber du kannst wiedergutmachen, was du getan hast. – Könntest du mir das vorläufig einfach abnehmen? Ich möchte dir nämlich erst ein paar Sachen zeigen. Später reden wir noch mal über alles, das verspreche ich dir. Aber ich glaube, dass meine Worte dir noch mehr einleuchten, wenn ich dir zuerst noch etwas zeigen darf.«

Matt war tief in Gedanken. Er kannte inzwischen Davids Vorgehensweise und war nicht weiter überrascht. Dabei war dies erst der dritte Tag seines Aufenthalts und genau genommen fing der Tag gerade erst an. Draußen vor den Fenstern von Davids Apartment war es nicht mehr stockdunkel, es dämmerte schon.

David hatte gesagt, es gebe einen Ausweg und er würde ihm diesen noch zeigen. Es war also das Beste, sich Davids Plan zu fügen. Was hatte er denn noch zu verlieren?

Matt nickte und lächelte seinem Mentor zustimmend und dankbar zu.

»Kaffee?«, fragte David.

»Gern«, sagte Matt, ohne sich bei dem Gedanken eine Grimasse verkneifen zu können.

»Mein Name ist Sara.«

»Hi, Sara!«, erwiderte ein Chor junger Stimmen, dem sich John, Stu, David, Teddy und noch einige andere von der Belegschaft der Ranch anschlossen. Matt war nicht auf dem Quivive gewesen und verpasste es, mit einzustimmen. Alle anderen Anwesenden im Konferenzraum der Ranch kannten das Ritual bereits und hatten sofort und wie aus einem Munde auf Saras Erklärung reagiert.

»Sonntag werde ich sechzehn Jahre alt.« Sie blickte nervös zur Seite, dorthin, wo sich Matt hingesetzt hatte. Dann fuhr sie fort: »Aber was wichtiger ist: Heute ist der 400. Tag, an dem ich clean bin.«

Beifallsrufe und Klatschen ertönten von überall her. Sara wurde rot, lächelte und blickte wieder in Matts Richtung.

Beim Frühstück war Matt von David aufgefordert worden, beim sogenannten »Freitagsstart« dabei zu sein. »Das gehört zu unserer ›Orientierung‹ für die Neuankömmlinge«, hatte er erklärt, »und findet immer freitagmorgens während der ersten sechs Monate ihres Aufenthalts auf der Ranch statt.«

Matt hatte sich darauf gefreut, denn um die Wahrheit zu sagen, sehnte er sich schon seit seiner Ankunft am Mittwoch nach einer etwas formelleren Einführung, einer konventionelleren

Struktur der Beratung. Jetzt hatte ihn David endlich zu einer Einführungsveranstaltung gebeten. *Und außerdem kriegt man dabei keinen Muskelkater*, war sein nächster Gedanke gewesen.

»Sara hat mich gestern Abend gefragt, ob du auch kämest, Matt«, hatte David hinzugefügt, »und als ich sagte, ich brächte dich mit, hat sie von sich aus vorgeschlagen, als Erste bei unserem Meeting zu sprechen.« Nach Davids Gesichtsausdruck zu urteilen war dies ein bedeutsames Ereignis, auch wenn Matt nicht wusste, worin seine Bedeutung bestand. Vielleicht wollte Sara ihm zeigen, wie gut sie als Führungsperson auftreten konnte, denn sie hatte ja erwähnt, dass sie dies einmal werden wollte. Insofern erschien ihm das sinnvoll.

»Du weißt wohl nicht, was dieses Den-Anfang-Machen bedeutet, oder?«, hatte David gefragt, Matts Gedanken erratend.

»Hm, ich glaube nicht«, meinte Matt nach einigem Zögern. Er hatte erst drauflos raten wollen – vielleicht bedeutete es, die Leitung der Veranstaltung zu übernehmen oder die Begrüßungsrede? –, aber dann hatte er lieber darauf verzichtet. »Hat es mit Pferden zu tun?«, fragte er schließlich, um wenigstens das klarzustellen.

David grinste nur über so viel Naivität und gab ihm einen Klaps auf den Rücken.

»Es bedeutet, Matt«, fuhr David fort und dabei verschwand das Grinsen schnell wieder aus seinem Gesicht, »dass Sara sich entschlossen hat, dich einzuweihen. Sie will als Erste sprechen, weil sie möchte, dass du hörst, was sie zu sagen hat.«

Nachdem Matt sich gesetzt hatte, war Tyler an mehreren Stühlen vorbeigeflitzt, um sich neben ihn zu setzen. Matt wurde jetzt erst klar, dass der kleine Junge noch nicht lange hier lebte.

»Ich war neun, als meine Mom starb«, sagte Sara, »und mein Vater brachte mich bei seiner Schwester unter. Er sagte, er brauche jetzt Zeit für sich. Aber er sagte auch, er würde mich zu sich holen.« Sara machte eine Pause, blinzelte ein paar Mal mit den Wimpern und fuhr dann fort. »Ich habe seit über sechs Jahren nichts von meinem Dad gesehen oder gehört. Dabei hätte ich ihn gebraucht.« Jetzt blickte Sara Matt direkt an. »Aber mein Dad war wohl der Ansicht, dass seine Probleme wichtiger waren als meine.«

Sara wendete sich wieder den Kindern zu. Matt war erschüttert. Sie hatte den letzten Satz keineswegs herausfordernd gesprochen. Ihr Gesichtsausdruck war nicht anklagend. Auch hatte sie es nicht provokativ gemeint, als wolle sie sagen: Wehe, wenn du so wie mein Vater bist! Nein, sie hatte ihm schlicht ihre Gefühle gezeigt. Sie hatte ihm etwas anvertraut, weil sie wollte, dass er die Wahrheit über sie wusste.

Tyler lehnte sich jetzt an Matts Arm; während Saras letzten Bemerkungen über ihren Vater war er immer näher an Matt herangerutscht.

»Ich habe mit zwölf Jahren zu rauchen angefangen, landete sehr schnell bei Marihuana und kam dann auf Crack.« Sara sprach jetzt viel leiser. Sie sah niemanden mehr an, sondern blickte starr zu Boden.

»Meine Tante hat mich noch vor meinem 14. Geburtstag rausgeworfen. Ich sah älter aus und benahm mich auch so. Das Geld für die Drogen beschaffte ich mir durch Sex.« Sie hielt den Atem an und blickte, ohne es zu wollen, wieder hinüber zu Matt. Doch der merkte nichts davon, weil er den Blick gesenkt hielt und Tränen in seinen Augen standen. Als Sara das bemerkte, begann sie wieder zu atmen.

»Vor etwa einem Jahr wurde ich geschnappt«, fuhr sie fort. »Sie bekamen mein Alter heraus, steckten mich in den Entzug und schickten mich schließlich hierher.«

Sara musterte die Gesichter der zumeist Zehn- bis Vierzehnjährigen vor ihr. Sie wusste, dass sich deren Lebensgeschichten nur in den Details von ihrer eigenen unterschieden; schreckliche Erfahrungen hatten alle gemacht. Auf ihrem Gesicht spiegelte sich Mitgefühl und Verständnis. Sie lächelte ihnen zu.

»Jeden Morgen danke ich Gott, dass ich lebe und clean bin. Ich danke Gott dafür, dass es David Butler gibt«, fuhr sie fort und blickte hinüber zu dem Mann, der seine Versprechen hielt. David unternahm nichts, um dieses Bekenntnis abzuwehren, sondern erwiderte gelassen ihren Blick. »Ich danke Gott, dass ich hier an diesem Ort sein kann. Und jeden Tag überlasse ich mich seiner Führung. Ich gehöre ihm«, sagte sie und ihr Gesicht hatte nun einen entschlossenen Ausdruck angenommen, aus dem die Wahrheit sprach. »Bei Gott bin ich aufgehoben. Er meint es besser mit mir, als es je ein anderer getan hat. Ja, das mache ich jeden Tag«, wiederholte Sara. »Immer einen Tag nach dem anderen«, sagte sie abschließend und setzte sich.

Jung und Alt applaudierten ihr. »Das war toll, Sara«, »Ich finde dich klasse, Sara« und ähnliche zustimmende Rufe kamen aus der Gruppe.

»Vielen Dank, Sara«, stimmte Teddy in den Chor ein und stand auf, um ihren Platz vor der Versammlung einzunehmen. Der Harvardknabe trug ein Cowboy-Outfit wie aus dem Katalog. Seine superlässige Haltung hätte mühelos John Wayne oder Clint Eastwood Konkurrenz machen können. Mit einem Tastendruck auf die in seiner Hand verborgene kleine Infrarot-Fernsteuerung rief er eine Powerpoint-Präsentation auf und bewies damit der versammelten Zuschauermenge in Sekundenschnelle, dass er zu der harmlosen Spezies der Großstadtcowboys gehörte. Der Bildschirm war leer bis auf die Formel »V x 3A = E«, die ganz oben in großen Druckbuchstaben stand.

»John hat mit jedem von euch nach der Kletterübung am Mittwoch gesprochen«, sagte Teddy und kam damit gleich auf den Punkt. Er klickte mit der Maus und fügte zunächst einen Abschnitt zum Vertrauen hinzu und dann mit einem weiteren Klick die »Aufgabe stellen« genannte Fähigkeit.

V x 3 A = E

Engagement-Formel

V (die Wort-Tat-Kluft schließen)

Vertrauen (Glaubwürdigkeit der Führungsperson)

3 A (die Geld-Sinn-Kluft schließen)

Aufgabe stellen (Vorbereitungsphase)

Pläne, Stärken, Rollen

Annehmen lernen

»Als Erstes«, begann Teddy, »stellen wir nach unserer Engagement-Formel die Aufgabe. Es handelt sich dabei um die Vorbereitungsphase für unsere Projekte. Wie lautet euer Plan? Ist er klar verständlich? Welche Stärke liegt in der Zusammensetzung eures Teams? Wie werdet ihr euch arrangieren, damit jeder Einzelne sich genau dort betätigen kann, wo er am besten ist und ihr eure festgelegten Ziele erreicht? Was war das Beste, was ihr beim Klettern gelernt habt? Bitte melden.«

»Manchmal weiß man gar nicht, worin man gut ist«, sagte ein Mädchen, das ganz vorn saß. Matt hatte sie zwar bei der Kletterübung gesehen, doch erinnerte sich nicht an ihren Namen.

»Toll, Mary. Und wie bist du darauf gekommen?«, wollte Teddy wissen.

»Also, Tyler glaubte, er wäre beim Abseilen nicht gut«, fing sie an. Tyler rutschte auf seinem Stuhl herum; er rechnete mit einer Beleidigung und wollte sich dagegen wappnen. »Aber beim Runterkommen sah er fantastisch aus, wie ein echter Könner.« Tyler blickte strahlend auf und merkte dann, dass Mary ihn anlächelte. Er gab das Lächeln mit einem interessierten Ausdruck zurück.

»Richtig. Es kann also sein, dass wir gar nicht wissen, welches unsere Stärken sind, während andere Leute sie möglicherweise kennen«, stellte Teddy in den Raum. »Und das ist der Grund, weshalb wir lernen müssen, etwas von anderen anzunehmen, sofern wir diese Fähigkeit beherrschen wollen. Zum Beispiel geben uns andere Menschen neue Informationen über uns, und Leute, die uns dabei helfen wollen, unser Ziel zu erreichen, geben uns etwas von ihren Stärken ab. Wir müssen sie nur annehmen. Aber kann man etwas annehmen, ohne dankbar zu sein?«, fragte Teddy weiter.

Mary meldete sich wieder: »Wenn man nicht dankbar ist, weiß man nicht, dass man etwas hat, was gut ist. Und dann hält man nicht daran fest, sondern vergeudet es oder wirft es weg.«

»Super, Mary!«, rief Teddy begeistert aus. »Ja, uns wird dauernd etwas Gutes gegeben, doch wenn wir das Gute nicht zu schätzen wissen, rinnt es uns durch die Finger, während wir ewig herumjammern: ›Mir passiert nie was Gutes.‹« Teddy sprach dabei durch die Nase, zog mit einer komischen Grimasse seine Stirn in Falten und die Mundwinkel nach unten. Genau wie der depressive I-Ah, der Freund von Pu, dem Bären.

»Habt ihr das verstanden?«, fragte Teddy nun wieder mit normaler Stimme. Seine Zuhörer nickten eifrig und lächelten zufrieden.

»So, damit haben wir noch mal überprüft, was am letzten Freitag dran war. Die zweite Fähigkeit«, fuhr Teddy fort und betätigte seinen Infrarot-Trigger, »bringt uns von der Aufgabenstellung dazu, die Aufgabe anzupacken, also von der Vorbereitungsphase zur Durchführungsphase. – In der Durchführungsphase müssen wir damit rechnen, dass wir Fehler machen. Das ist normal. Jetzt, wo wir dabei sind, das auszuführen, was wir geplant haben, bekommen wir es ständig mit Überraschungen zu tun. Das erste Wort hier ist erneuern, Innovationen vornehmen. Was bedeutet es?«, fragte Teddy.

V x 3 A = E

Engagement-Formel

V (die Wort-Tat-Kluft schließen)

Vertrauen (Glaubwürdigkeit der Führungsperson)

3 A (die Geld-Sinn-Kluft schließen)

Aufgabe stellen (Vorbereitungsphase)

Pläne, Stärken, Rollen

Annehmen lernen

Anpacken (Durchführungsphase)

Innovationen vornehmen, scannen, anpassen

Loslassen lernen

Die Neulinge im Camp blickten sich ratlos um, doch die Erfahrenen hielten den Mund.

»Es bedeutet, neue Sachen auszuprobieren«, antwortete Teddy. »Wenn wir Innovationen vornehmen, machen wir etwas so, wie es noch nie gemacht wurde. Und wenn man etwas noch nie gemacht hat, was kommt dann wohl dabei heraus?«

»Keine Ahnung?«, wagte sich Tyler hervor und sah nervös zu Matt auf, der ihm anerkennend den Daumen für seine perfekte Antwort zeigte.

»Genau. Bei etwas, das noch nie gemacht worden ist, hat man keine Ahnung, ob es funktioniert. Es könnte super klappen, deshalb probieren wir's einfach. Aber es könnte auch ein totaler Flop werden. Und dann würden wir auf die Nase fallen.« PowerPoint klickte und Teddy machte eine Pause, damit die Kinder den Text lesen konnten, den er auf den Bildschirm geholt hatte.

> Mach Innovationen! Versuch das Unversuchte! Tu das, was »nicht getan werden kann«! Das Schlimmste, was passieren kann, ist, dass du stolperst und auf die Nase fällst. Aber wenn du schon mal auf dem Boden gelandet bist, wie wär's dann, wenn du dich auf den Rücken drehst und eine Zeit lang den überwältigenden Anblick der Sterne auf dich wirken lässt. Und dann stehst du einfach wieder auf!
>
> MIKE WILSON
>
> *Ansprache bei der Examensfeier 2006, High Summit Ranch*

»Wie heißt das zweite Wort unter Anpacken?«, machte Teddy weiter.

»Scannen«, kam es von mehreren Jugendlichen zusammen.

»Und das bedeutet?«

»Den Überblick behalten. Sich umsehen und noch mal genau hinschauen«, antwortete Mary.

»Richtig! Also, entweder stehst du schon fest mit beiden Beinen auf der Erde oder du bist auf dem besten Weg dorthin«, fuhr Teddy fort. »Sieh dich um. Einmal rundherum, 360 Grad. Was kannst du dadurch erfahren? Wenn wir unsere Pläne ausführen, Freunde, sollten wir nicht verbissen versuchen, alles richtig zu machen. Unser Schwerpunkt ist das ständige Weiterlernen. Innovationen durchführen, scannen und das dritte Wort ist?«

»Anpassen, berichtigen, Änderungen machen«, riefen die Kinder.

»Was schlicht und einfach bedeutet: locker bleiben. Du hast es auf die eine Art probiert, jetzt versuchst du es mal anders. Klammere dich nicht an das Alte, sondern lerne loszulassen. Stell dich auf die neue Situation ein und nimm Veränderungen vor. Das Entscheidende an der Durchführungsphase ist, dass man durchhält, Erfahrungen macht, sich weiterentwickelt. Leuchtet euch das ein?«

Einige der Kinder nickten; was Teddy sagte, kam ihrem erwachenden Unternehmungsgeist entgegen. Andere saßen nur still da; sie hatten – selbst verschuldet oder nicht – schon zu viel einstecken müssen wegen irgendwelcher Dinge, die sie nicht richtig hingekriegt hatten, und deshalb konnten sie Teddy nicht abnehmen, dass es in Ordnung sei, Fehler zu machen.

»Steh mal bitte auf, Tyler«, sagte Teddy. Tyler erhob sich und blickte sich unsicher um. Doch die anderen wussten ebenso wenig, was geschehen würde. »Ich möchte, dass du auf ›Los‹ zu mir läufst. So schnell du kannst, Tyler. Los!« und Tyler rannte Haken schlagend wie ein Hase um einige Pulte herum nach vorn, dorthin, wo Teddy stand. Er sah sich um und grinste Matt triumphierend an. Er war schnell wie der Blitz gewesen!

»War da eine Linie auf den Boden gemalt, sodass du wusstest, welche Strecke du laufen solltest?«, fragte Teddy.

»Nein!«, schnaubte Tyler verächtlich.

»Wusstest du schon im Voraus ganz genau, wohin du deine Füße setzen solltest?«, fragte Teddy weiter.

»Nein!« Tylers Selbstsicherheit wuchs von Sekunde zu Sekunde.

»Du hattest also keinen Plan?«, forderte Teddy ihn spielerisch heraus.

»Doch, hierher zu kommen«, gab Tyler zurück.

»Also hattest du einen Plan«, erwiderte Teddy. »Aber du bist losgerannt, ohne genau zu wissen, was alles dabei schief gehen könnte. Mary hätte dir ein Bein stellen können, damit du stolperst.«

»Ich wäre drüber weggesprungen«, lachte Tyler.

»Oder gestolpert und hingefallen«, sagte Teddy.

»Na, gut, oder ich wäre gestolpert und hingefallen.«

»Also, warum bist du losgelaufen, obwohl du nicht wusstest, was alles hätte passieren können?«, fragte Teddy.

»Weil ich sonst nicht hier angekommen wäre«, antwortete Tyler und spähte wieder zu Matt hinüber. Diesmal bekam er zwei stolz nach oben gereckte Daumen zu sehen.

»Gut gemacht, Tyler«, sagte Teddy und klopfte dem Jungen auf die Schulter. »Noch eine Frage. Waren deine Augen offen oder zu, als du hergerannt bist?«

»Offen!«, kam es lauthals von Tyler. Er war nach vorn gerufen worden. Er war hingerannt. Und niemand machte sich über ihn lustig – im Gegenteil, er hatte einen Erfolg zu verbuchen.

»*Innovationen vornehmen, scannen, anpassen*: Neues versuchen, den Überblick behalten, sich den Umständen anpassen!«, wiederholte Teddy. »Das ist die einzige Art, um irgendwo hinzukommen. Du darfst nur nie vergessen, wohin es gehen soll. Und dabei weißt du genau, dass dein Plan auf Schwierigkeiten stoßen wird. Denn es ist immer ein Risiko, etwas Wichtiges anzugehen. Man wird immer mal stolpern und seine Erfahrungen machen, und man muss die Augen offen halten. – Sara«, fuhr Teddy fort. »Es ist Zeit für den ›handfesten‹ Teil der Lehrstunde. Die Klasse gehört dir.«

Sara sprang auf die Füße. »Händewaschen, zum Imbiss in den Speisesaal und dann treffen wir uns in genau einer halben Stunde am Reitplatz. Keine Minute später!«, fügte sie streng hinzu.

»Wer ist Mike Wilson?«, wollte Matt von Teddy wissen. Sie gingen über dieselbe Wiese zurück, die er am Vortag mit David überquert hatte. In der hellen Vormittagssonne leuchteten die schneebedeckten Gipfel im Westen, zum Greifen nah. Die roten Stallungen und die weiß eingezäunten Reitplätze und Weiden schmiegten sich an den Fuß der Bergriesen. Das ganze Bild war von einer Schönheit, die jede Postkarte übertraf.

»Mike Wilson ist der Sohn eines Freundes von Butler, eines verstorbenen Freundes, sollte ich sagen. David brachte Mike letztes Jahr hierher, um uns ein Führungsmodell vorzustellen, das er von seinem Vater, einem früheren CEO namens Robert Wilson, übernommen hatte. Robert nannte sein Modell ›Dienen lernen im Leadership‹. Mike reist als Coach in der ganzen Welt herum und hält Seminare ab, in denen man lernt, wie man dieses Modell in die Praxis umsetzt.«

»Und nach diesem Modell unterrichtet ihr hier?«, fragte Matt.

»Letzten Endes, ja. Aber wir konzentrieren uns vor allem auf einen bestimmten Aspekt des Serving Leadership, den Mike ›Auf die Stärken setzen‹ nennt. Unsere gesamte Drei-Fähigkeiten-Strategie zur Zielverwirklichung fasst Mikes Konzept vom Stärken-Aufbauen in seinen Einzelheiten zusammen. David war der Meinung, hiermit zu beginnen ermögliche den Kindern, die zu uns kommen, den besten Start.«

»Wechselt ihr immer zwischen Unterricht im Klassenzimmer und ›handfestem‹ praktischen Lernen ab?«, fragte Matt. Sie waren gerade am Gartenpavillon angelangt, wo er sein erstes »richtiges« Gespräch mit Sara geführt hatte. *Konnte das wirklich erst gestern gewesen sein,* überlegte Matt. Es war unglaublich, was alles in so wenigen Tage passieren konnte. Und bereits morgen, Samstag – nur einen Tag vor Saras 16. Geburtstag – musste er nach New York zurückfliegen. Zurück zu Alice. Zu allem, was in seinem Leben zu Bruch gegangen war. *Würde sein Leben für immer ein Scherbenhaufen bleiben und sich immer so hoffnungslos zerstört anfühlen?*

»Immer!«, erwiderte Teddy nachdrücklich. Matt drehte sich mit offenem Mund zu Teddy um, weil dieser offenbar seine Gedanken gelesen hatte.

»Unterricht im Klassenzimmer ist gut«, fuhr Teddy, der von Matts Schock nichts mitbekommen hatte, fort. »Aber David hält große Stücke auf Praktisches, auf Erfahrungen, die man am eigenen Leibe macht. Wir gewinnen diese Kinder nicht durch Theorien. Wir sorgen dafür, dass sie sich im richtigen Leben, bei richtiger Arbeit und echten Projekten engagieren. Und daher machen wir hier immer beides, Theorie und Praxis.«

»So, da wären wir«, fügte Teddy mit leiserer Stimme hinzu, um die Gruppe, zu der sie gestoßen waren, nicht zu stören. Matt verdrängte seine düsteren privaten Grübeleien und betrachtete das Bild, das sich ihm bot. Sie waren hinter der Gruppe von jungen Leuten angelangt, die sich am Zaun eines der Reitplätze zusammengefunden hatten. Sara und David befanden sich innerhalb der Umzäunung und etwa zwanzig Schritte hinter ihnen stand Arrow, den Kopf ihnen zugewandt und sie beobachtend. Sara sprach Matt und Teddy an.

»Bevor ich fortfahre«, sagte sie, »möchte ich unserem neuen Freund noch erklären, was wir bisher gemacht haben.« Alle drehten sich nach ihnen um und im nächsten Moment schlüpfte auch schon Tyler von seinem Platz am Rande der Gruppe an Matts Seite. Dieser legte ihm, ohne nach unten zu sehen, eine Hand auf die Schulter, als sei das die natürlichste Sache der Welt. Er dachte nicht weiter darüber nach, denn schließlich waren sie ja gute Kameraden. War hier nicht Tylers Platz, direkt neben ihm? Was gab's da viel zu reden? Tyler wiederum schloss sich noch enger an seinen großen Freund an, sobald er dessen Hand auf seiner Schulter spürte, und sah dann wieder zu Sara hin, so als hätte sie auch ihn gemeint.

David Butlers Blicke gingen zwischen Matt und Tyler hin und her. Er erkannte, dass der Junge eine Bindung zu dem Erwachsenen eingegangen war und fragte sich nur, inwieweit auch der Mann sich an das Kind gebunden fühle. Die unerfüllten Bedürfnisse dieser Kinder und die Häufigkeit, mit der sie von den Erwachsenen im Stich gelassen wurden, versetzten ihm immer wieder einen Stich. Es erfüllte ihn mit Scham, wie mutig sie immer wieder die Hand ausstreckten auf der Suche nach jemandem, der ihre Liebe erwiderte. Tyler in sein Leben einzubeziehen – sei es für ein paar Tage oder auf Dauer –, würde Matts Probleme nicht lösen, das wusste David. Es würde weder seine Schuld tilgen noch ihn von seinen Sünden erlösen oder die Waagschalen seines Lebens neu ausrichten. Kein Kind konnte ein anderes ersetzen, das wusste David nur zu gut. Kein Akt der Liebe, auch wenn er für sich genommen noch so wunderbar war, machte jemals einen einmal zugefügten Schaden ungeschehen. So war das Leben nicht.

»Matt ist gestern in mein Zielverwirklichungs-Team eingetreten, aber noch haben nicht alle die Gelegenheit gehabt, ihn kennenzulernen«, fuhr Sara fort. »Lasst uns ihn begrüßen!« Die ganze Gruppe fing an zu klatschen und Matt wurde rot. Noch hatte er nichts getan, was Beifall verdient hätte, und ob es jemals soweit käme, war auch noch fraglich.

»Matt, ich habe mein Team im Laufe der letzten Woche mehrmals zusammengerufen – nämlich seit ich mir das neue Ziel gesetzt habe, aus Arrow ein Rennpferd zu machen. Wir glauben, dass er sehr schnell sein wird. Arrow hat sowohl das Talent als auch die Schnelligkeit und das Kämpferherz, das dazu nötig ist.«

»Sara ist auf diese Idee gekommen«, unterbrach David sie, »als sie etwas über einen Mustang namens ›CJ‹ las, der vor einigen Jahren ziemlich weit an die Spitze kam. Je bekannter CJ durch seinen Erfolg beim Rennen wurde, desto mehr Familien, die sich ein Pferd anschaffen wollten, überlegten sich, ob es nicht auch ein Mustang sein könne. Während der Zeit, als CJ Rennen lief, stieg die Adoption von Mustangs um mehr als 25 Prozent.«

»Wie lange hast du Arrow schon?«, fragte Matt. Genau genommen war das nicht die Frage, die er hatte stellen wollen, aber es war die höflichste Möglichkeit, dorthin zu gelangen.

»Ja, genau!«, antwortete Sara. Sie hatte die echte Frage verstanden. »Wir haben inzwischen kapiert, dass Arrow auch unter den besten Bedingungen mindestens noch anderthalb Jahre braucht, bis er soweit ist, Schlagzeilen zu machen. Es dauert noch wenigstens ein bis zwei Wochen, bis wir ihm eine Decke auf den Rücken legen können, vom Sattel ganz zu schweigen. Und dass ich mich auf seinen Rücken setzen kann, kommt noch später. Und bis ich ihm beibringen kann, wie er sich auf der Rennstrecke verhalten muss, ist es noch viel länger hin.« Sie sah mutlos aus.

»Unser Ziel ist es, noch mehr Leute dazu zu bringen, Mustangs anzunehmen. Aber nachdem wir nun angefangen haben, den Plan, mit dem wir das Ziel erreichen wollen, im Detail zu entwickeln, haben wir das Gefühl, dass es praktisch eine Ewigkeit dauern wird, bis es soweit ist. Und natürlich kann es auch sein, dass Arrow gar nicht erst so weit kommt.«

»Und das ist der Grund«, mischte Teddy sich ein, »warum Sara um ein *Charge-Meeting*, ein Meeting zum Thema Anpacken und

Durchführen der Aufgabe, gebeten hat. Sara hat den Plan, mit Arrow Rennen zu reiten. Das dient unserem Ziel, die wilden Mustangs bekannt zu machen. Und das wiederum hat den Zweck, ihre Adoption zu fördern.«

Während Teddy die ihnen bereits bekannten Fakten noch einmal aufzählte, nickten die Kinder und Jugendlichen dazu energisch mit den Köpfen. Matt dagegen blickte in die entgegengesetzte Richtung. Er konnte die Gefühle, ausgelöst durch den Anblick einer Gruppe von nicht adoptierten Kids, die sich enthusiastisch der Aufgabe verschrieben hatte, ein paar Pferden ein Zuhause zu verschaffen, kaum an sich heranlassen.

»Also, zurück zu unserer Rückschau von vorhin«, fuhr Teddy fort. »Wie sieht Saras Innovation aus?«

»Mit der Teilnahme am Pferderennen ein neues Ziel zu setzen, um uns damit unserem Hauptanliegen, den Mustangs ein Zuhause zu verschaffen, näherzubringen«, sagte eine Schülerin, deren Namen Matt nicht kannte.

»Gut, Alycia«, antwortete Teddy. »Das ist Saras Innovation. Und was machen wir, nachdem wir uns etwas Neues ausgedacht haben?«

»Scannen«, sagte Tyler. Matt fasste ihn fester um die Schulter.

»Wir scannen, das heißt, wir überprüfen das Ganze noch mal«, wiederholte Teddy. »Und warum tun wir das?«, fragte er.

»Weil irgendwas schiefgehen könnte«, sagte Bobby.

»Oder nicht so gut, wie es eigentlich möglich wäre«, kam es von Michelle.

»Ja, beides ist richtig«, stimmte Teddy zu. »Wir überprüfen noch einmal alles, weil vielleicht die Ergebnisse nicht so sind, wie wir uns das vorgestellt haben. Oder weil wir möglicherweise sogar noch bessere Ergebnisse erreichen können als ursprünglich gedacht. Ihr wisst ja noch, worauf es ankommt: immer weiter lernen und besser werden. Innovationen machen, überprüfen, Anpassungen vornehmen. Ihr wisst schon: Dranbleiben und sich weiterentwickeln!«

Eifrig bejahendes Nicken rundum.

»Also, bei unserem Team-Meeting gestern Abend«, meldete sich Sara wieder zu Wort und kam dabei auf den planmäßigen Ablauf zurück, »haben wir darüber geredet, wie lange es dauert, bis ich mein Ziel erreicht habe. Anfänglich hatte ich ja gedacht, dass ich schon nächste Woche die ersten Siegerschleifen überreicht bekäme.« Ihre Worte waren von einem gespielt bescheidenen Lächeln begleitet, das die Zuhörer zum Lachen brachte. Es tat gut zu wissen, dass sie nicht die Einzigen waren, deren Hoffnungen und Träume nicht auf Knopfdruck wahr wurden. Selbst ganz tolle, ältere Kids wie Sara mussten mit Enttäuschungen rechnen.

»Ich weiß jetzt, dass noch viele Jahre Arbeit vor mir liegen und es keine Garantie gibt, mein Ziel, einmal berühmt zu werden, wirklich zu erreichen. Und dabei ist das ja nicht einmal das endgültige Ziel«, erinnerte sie die anderen. »Das Ziel ›Rennen reiten‹ dient ja nur dem Ziel ›mehr Adoptionen‹. Und daher haben wir beschlossen, dieses Problem euch allen vorzulegen«, schloss Sara.

»Ihr seht jetzt, was es mit dem ›Anpacken‹ auf sich hat, Freunde«, fügte Teddy hinzu. »Wir entwerfen unsere Pläne in der Vorbereitungsphase und jetzt, wo wir anfangen, sie in die Tat umzusetzen, passiert immer irgendwas, was einem wie ein Fehlschlag oder eine Enttäuschung oder ein unlösbares Problem vorkommt. Aber das ist es nicht!«, rief er emphatisch aus. »Es handelt sich nur um einen weiteren Schritt auf dem Weg zum Erfolg.«

Dann ging Sara langsam und anmutig, aber zielstrebig in die

Mitte des Korrals und begrüßte Arrow, indem sie ihm die Hand auf die Nase legte. Als Reaktion rieb Arrow seinen Kopf an Saras Hand. Man konnte deutlich erkennen, welches Vertrauensverhältnis zwischen den beiden herrschte. Wer konnte das als Fehlschlag betrachten? Die Kinder beobachteten die beiden und es war keines unter ihnen, das nicht mitbekam, dass bereits Großartiges geschehen war, wenn auch nicht genau das, von dem Sara anfänglich geträumt hatte. Sie hatte das Vertrauen des Pferdes gewonnen. Sie waren eine Bindung eingegangen. Was man ehemals nur als wutschnaubenden Albtraum bezeichnen konnte, war jetzt zu einem Pferd namens Arrow geworden; mit seinen warmen, samtweichen Nüstern schmiegte der mächtige Hengst sich an Saras Nacken, während sie ihre Arme locker um seinen Kopf gelegt hatte und mit den Fingern durch seine lange, fließende Mähne fuhr. *Ist hier jemand, der das als Misserfolg bezeichnen möchte?*

Sara trat ein Stück zurück, wobei sie sich etwas von Arrow abwandte, ihn aber weiterhin im Auge behielt. Diese Geste vermittelte ihre Erwartung, dass er ihr folgen würde. Arrow drehte sich in ihre Richtung und machte einen Schritt auf sie zu. So als hielte sie ihn an einer unsichtbaren Leine, setzte sich Sara sehr langsam in Richtung der Schüler in Bewegung; ihr Rücken war jetzt gänzlich Arrow zugewandt, doch ihr Kopf zeigte zur Seite, um ihrem Pferd mitzuteilen, dass sie voraus-, aber nicht fortging. Arrow folgte seiner Führerin und als sie sich neben ihren Mentor David stellte, blieb er etwa einen Meter hinter ihr stehen. Sie hob die Hand, um den Schülern zu signalisieren, dass sie still sein und sich ruhig verhalten sollten.

»Wir machen Fortschritte«, sagte sie schlicht. »Doch auch ganz viele Fortschritte können nichts an der Tatsache ändern, dass es noch lange dauern wird, bis unsere Trainingsarbeit einen

Einfluss auf mein wahres Ziel haben wird – die Steigerung der Adoptionen.«

Matt beobachtete alles wie versteinert. Sara war erst eine gute Woche damit beschäftigt, einen bedeutenden Plan umzusetzen und schon jetzt war sie dabei, auf Probleme hinzuweisen. Sie erklärte ihrem Team, was nicht funktionierte. Und sie forderte die anderen auf, sich dazu zu äußern.

Wann hatte er so etwas je getan? Deb hatte oft gesagt: »Warum fragen Sie sie nicht?« Matt war nie auf diesen Vorschlag eingegangen, doch jetzt erkannte er, dass Deb diesen Gedanken sehr oft geäußert hatte. Immer, wenn er sich bei ihr beklagte – ›Was denkt sich Molly eigentlich dabei?‹ ›Warum gibt Randy sich nicht mehr Mühe?‹ ›Kann die Grafik nicht wenigstens ein Mal pünktlich abgegeben werden?‹ –, hatte Debby vorgeschlagen: »Warum fragen Sie sie nicht?« Als wenn das so leicht wäre, sie einfach zu fragen!

Sara aber gab nicht auf, sondern hielt an ihrem Ziel fest. Sie verkündete kein neues Ziel, um die Tatsache zu verschleiern, dass das ursprüngliche gestorben war. Matt dagegen musste zugeben, dass er genau das bei mehr als einer Gelegenheit getan hatte. Okay, er hatte es so oft getan, dass es schon peinlich war.

Sara dagegen blieb standhaft. Sie hielt an dem fest, wozu sie sich einmal entschlossen hatte, und ließ alle Welt wissen, dass sie auf ein Problem gestoßen war.

Während Matt Sara beobachtete, wurde ihm etwas über sich selbst klar, was er so noch nie gesehen hatte. Er hatte sich isoliert. Er hatte nicht gelernt, etwas anzunehmen – sich von anderen helfen zu lassen. Und ebenso wenig hatte er gelernt loszulassen und offen zuzugeben, dass eine Sache nicht funktionierte. Infolgedessen hatte er sich zu einem Männlein entwickelt, das sich hinterm Vorhang versteckte und statt zu handeln nur noch reagierte. Er war wortbrüchig geworden, hatte seine Meinung geändert, eine Phalanx von Beratern verbraucht und dabei sein Team an den Rand der Erschöpfung gebracht.

Sich nicht in die Karten gucken zu lassen, hatte Matt für Führungsstärke gehalten. Schließlich müssen Führungskräfte für sich behalten, welche Karten sie in den Händen halten. Aber Sara hatte gerade ihre Karten gezeigt und hielt trotzdem entschlossen an ihrem einmal gewählten Ziel fest. Und das war nicht im Geringsten als Schwäche auszulegen. Wie sie da vor ihm stand, hatte sie etwas von der Unerschütterlichkeit des schneebedeckten Gebirgszugs hinter ihr.

»Das ist eine unglaubliche Geschichte, Sara«, sagte Matt mit leiser Stimme und untertrieb damit noch. Sara blickte ihn an und sah, dass sich auf seinem Gesicht ein ganz starkes Gefühl abzeichnete. Sie lächelte und zog zugleich eine Grimasse.

»Es ist eine rührselige Geschichte«, räumte sie ein. »Was ich erreichen möchte, passiert vielleicht, vielleicht aber auch nicht.«

»Darauf wollte ich hinaus, Sara«, fuhr Matt fort und sah ihr in die Augen. »Du wünschst dir etwas ganz Wichtiges – und möglicherweise wird es nie geschehen.«

David beobachtete Matt, wie ein Trainer einen Olympiateilnehmer beobachtet, der auf der Startlinie kauert und auf den Schuss wartet. Es war ein entscheidender Augenblick, das wusste David, doch was Matt damit anfangen würde, ließ sich nicht vorhersagen.

»Du träumst davon, mit Arrow Rennen zu reiten, bis er im ganzen Land berühmt ist«, fing Matt wieder an. Er hielt inne, nicht, um sich zu sammeln, sondern um seinen ersten Stein gut hinzulegen, bevor er zum nächsten kam. Sara zuckte nicht mit der Wimper.

»Und es wird noch lange dauern, bis sich dein Traum erfüllt – wenn es denn geschieht. Das ist eine große Sache – eine geradezu verwegene – das ist fast unglaublich.« Wieder machte er eine lange Pause, in der Sara tief Luft holte. Sie hoffte, dass er irgendwann konkret wurde.

»Große Träume sind eine Inspiration für andere, Sara«, fuhr Matt fort. Sara verzog ihr Gesicht noch einmal, weil sie den Gedanken nicht unterdrücken konnte, dass Träume auch allzu groß sein könnten – und sie sich womöglich wirklich umsonst abmühte.

»Aber es geht dabei um mehr, Sara.« Ihr Gesicht entspannte sich augenblicklich. Es kam doch noch etwas. »Du möchtest, dass Pferde adoptiert werden. Du hast Mitleid mit diesen Pferden, die so furchtbar leiden und du möchtest ihnen dabei helfen, ein Zuhause zu finden. Und dabei«, fuhr Matt fort und kämpfte einen Augenblick mit den Worten, weil ihn seine Gefühle zu übermannen drohten, »dabei bist du selber diejenige, die so furchtbar gelitten hat«, rief er aus. »Du bist es doch, die ein Zuhause braucht!« Sara zwinkerte, um ihre Tränen zurückzudrängen.

»Ich habe noch nie« – Matts Stimme klang eindringlich, die Leidenschaft war ihm anzuhören – »noch nie im Leben eine so bewegende Story gehört! Und alle Kinder in deinem Team stehen an deiner Seite. Jedes Kind hier braucht ein Zuhause, Sara«, kam er zum Schluss, »und ihr alle setzt eure Liebe und eure Hoffnungen und Tränen dafür ein, ein Zuhause für diese Pferde zu finden.«

Tyler hätte sich nicht noch stärker an Matt pressen können, er hielt den Kopf gesenkt und hatte sein tränenüberströmtes Gesicht zur Seite gedreht, sodass das Hemd seines großen Freundes feucht wurde. Sara blickte Matt mit einem abwesenden, verlorenen Blick an. Es hörte sich alles danach an, als wolle Matt ihr etwas sagen, aber sie konnte die Botschaft nicht entziffern.

»Sie wollen also sagen …?« Sara wusste nicht, wie sie den Satz beenden sollte.

»Dass dies die beste Geschichte ist, die ich je gehört habe!«, sprudelte es mit einer Stimme zwischen Lachen und Weinen aus Matt hervor. »Ich erzähle doch Geschichten, Sara«, rief Matt aus, als ihm endlich klar wurde, dass er sich immer noch nicht verständlich gemacht hatte. »Das ist mein Beruf. Ich motiviere Menschen – ich bewege Menschen –, indem ich ihnen eine Geschichte erzähle, die sie dazu bringt, etwas zu unternehmen.«

»Ach so, Sie wollen die Geschichte erzählen!«, rief Sara aus und ihr Gesicht erhellte sich.

»Ja, die von dir und allen anderen hier und von eurem Ziel und von Arrow und allem, was ihr dafür tut, um ihn zu trainieren und von den Mustangs …« Matts Stimme verlor sich. Er sah zu Tyler hinunter, der sein rotes Gesicht unter seinem Arm versteckte. »Und von den unglaublichen Kindern hier – und woanders –, und dass die Leute sich glücklich schätzen könnten, wenn sie jemand von euch als Sohn oder Tochter bekämen.«

»Ja, Sara, ich werde die Geschichte erzählen«, sagte er mit strahlendem Gesicht, »und wir können gleich damit anfangen!«

Am Freitagnachmittag wimmelte es von Aktivitäten. Saras *Charge-Meeting* erregte die Gemüter auch über das Mittagessen hinaus und was man beschlossen hatte, verbreitete sich rund um die Ranch auch bei denen, die nicht dabei gewesen waren. Matt hatte vor, einen Artikel zu schreiben über Saras Plan, mit Arrow Rennen zu reiten! »Die Leute lieben gute Geschichten, Geschichten mit Herz, Schmerz und Hoffnungen«, hatte Matt gesagt.

Als er am Nachmittag seine New Yorker Mitarbeiter anrief, kam die Idee auf, in die Fußstapfen des Filmstars Billy Crystal als Großstadtcowboy zu treten. David bot an, Matts Senior-Team im nächsten Monat für drei Tage zu einer »handfesten« Team-Beratung auf der Ranch zu empfangen. »Auf die Art honorieren wir deine zukünftige ehrenamtliche Marketing-Arbeit«, erklärte er.

Nach dem Abendessen rief Matt Alice an. Es wurde ein sehr langes Gespräch, bei dem sich beide wunderten, wie es so weit hatte kommen können, dass sich zwischen ihnen so viel aufstaute. Schließlich waren sie zu Anfang ihrer Ehe enge Vertraute gewesen und hatten sich gegenseitig als jeweils besten Freund und Kameraden auf dem gemeinsamen Weg betrachtet. Matt stellte Alice eine Frage, die sie nicht gleich weit von sich wies. Stattdessen bat sie ihn um Bedenkzeit und Matt beendete das Gespräch mit dem Gefühl, dass sie möglicherweise für seinen Vorschlag offen war.

Nachdem er aufgelegt hatte, begab sich Matt schnurstracks zu David, um ihm alles zu erzählen. Doch zu seiner Enttäuschung erhielt er nach diesen bedeutenden Stunden, in denen soviel bewegt und beschlossen worden war, von seinem Mentor bloß eine dürftige Reaktion. Nachdem ihn David hatte ausreden lassen, fragte er ihn nur, ob er Lust habe, mit ihm einen Spaziergang in der beginnenden Dämmerung zu machen.

»Meine Exfrau und ich hatten einen Sohn«, begann David, nachdem sie ein paar hundert Meter bergauf dieselben Gebirgsausläufer erreicht hatten, an denen sie am Vorabend gewesen waren. Auf den mit einzelnen zerzausten Kiefern bestandenen Hängen wuchs hohes Gras, die Steigung war nicht allzu steil und schließlich lag das etwas dichtere Wäldchen vor ihnen, in dem sie am vergangenen Abend um das Feuer herum gestanden hatten. Matt sah, dass hinter den Stämmen wieder ein Feuer loderte und als er sich umblickte, bemerkte er, dass viele Erwachsene und Jugendliche in kleinen Gruppen aus dem Speisesaal und den Unterkünften kamen und sich auch auf den Weg hierher machten.

»Ich weiß gar nichts von deiner Familie«, antwortete Matt und wandte sich wieder David zu, um ihm seine ungeteilte Aufmerksamkeit zu schenken.

»Meine Ehe war schon lange bevor ich dich kennenlernte zu Ende. Sie war schon in die Brüche gegangen, als ich noch gar nicht die Chance hatte, dich mit meinen Erfolgen zu beeindrucken«, sagte David mit klarer Stimme. Dies war weder ein nächtliches Geständnis, in dem sich ein lang angestauter Kummer Bahn brach, noch ging es ihm darum, Mitleid zu erregen.

»Du hast mich neulich gefragt, wie es dazu gekommen sei, dass aus einer Ranch für Pferde eine Ranch für Kinder wurde«, fuhr David fort, »und ich habe dir geantwortet, dass ein paar Dinge passiert seien.«

»Du hast gesagt, dass eine Sache passiert sei und dann noch eine andere Sache«, wiederholte Matt die rätselhafte Anspielung vom gestrigen Vormittag.

»Das, was geschehen ist, Matt, war, dass mein Sohn John – wir nannten ihn Johnny – hierher kam. Da war Johnny schon dreißig, aber er wog nur noch 45 Kilo – bei einer Größe von 1,80 Meter.« David blieb stehen und sah seinem Freund ins Gesicht. »Er brauchte Geld. Er hatte bereits als Vierzehnjähriger angefangen, Drogen zu nehmen, und hoffte, ich würde ihm helfen. Das war nur recht und billig«, sagte David und blickte auf seine Stiefel hinunter. »Ein Sohn sollte davon ausgehen können, dass sein Vater etwas für ihn tut. Er meinte, es sei an der Zeit – und damit hatte er recht.«

David sah Matt wieder mit festem Blick an. »Solange Johnny zu Hause bei seiner Mutter wohnte, hatte er seinen Drogenkonsum verbergen können. Die beiden hatten reichlich Geld zur Verfügung – meine Schuld, Matt. Wie sich herausstellte, habe ich meinen Sohn mit dem Geld versorgt, das er für die Drogen brauchte.

Ich hatte damit einen Ausgleich für meine Abwesenheit schaffen wollen, doch tatsächlich war ich dabei, ihn umzubringen. Meine Frau wusste nicht, was vor sich ging – oder sie wollte es nicht wissen. Als er die Highschool beendet hatte und die Verbindung zu seiner Mutter und mir abbrach, kam er endgültig auf die schiefe Bahn. Mehr als zehn Jahre hatte ich keine Ahnung, wo sich mein Sohn aufhielt.«

David fasste Matt am Ellbogen und steuerte ihn von dem breiten Weg zu einem schmaleren Pfad, der links am Feuerkreis vorbeiführte. Vor ihnen wurde eine kleine Gruppe von Grabsteinen sichtbar. Matt schlug das Herz bis zum Halse, als er den Stein sah, der ihr Ziel gewesen war. Er trug die schlichte Inschrift: »John David Butler – Sohn«.

»An dem Abend, als Johnny zu mir kam, haben wir wohl eine Stunde miteinander geredet – er war in einem schlimmen Zustand und es war kein besonders großartiges Gespräch. Ich bestand darauf, dass er sich hinlegte und lag dann selber die ganze Nacht wach. Damals beschloss ich, der Vater zu werden, der ich nie gewesen war. Ich hatte das Gefühl, ich hätte eine Chance bekommen, etwas wieder in Ordnung zu bringen, und ich überlegte, wen ich am nächsten Morgen anrufen könnte, jemanden, der mir dabei helfen würde, meinem Sohn zu helfen. – Aber es gab keinen nächsten Tag. Johnny ist in jener Nacht im Schlaf gestorben.«

Hinter einem erzwungenen Lächeln hielt David seine aufsteigenden Gefühle zurück. »Wie ich dir ja schon gesagt habe, Matt, wir alle machen Dinge, die wir uns nicht vergeben können«, fuhr David fort. »Wir stolpern – und manchmal übersteigt das sogar jedes Maß. Es gibt Zeiten, da lassen sich unsere Fehler nicht wiedergutmachen. Jedenfalls nicht von uns«, fügte er hinzu.

»Hat John Butler irgendetwas damit zu tun?«, fragte Matt.

»Ja und nein. Deine Frage ist zumindest der Grund, warum ich dich hierher geführt habe. Ja, auch John ist jetzt mein Sohn – ich habe dir noch nicht gesagt, dass ich John adoptiert habe, als er neunzehn war. Es ist also doch kein Zufall, dass wir den gleichen Namen tragen.«

Matt machte große Augen angesichts dieser Enthüllung.

»Und dass ich lernen wollte, ein Vater zu sein, wurde erst durch das, was mit Johnny geschah, möglich. Daher muss ich sagen«, kam David wieder auf die ursprüngliche Frage zurück, »ja, John Butler hat tatsächlich eine Menge mit der Sache hier zu tun. – Aber zugleich muss ich das auch verneinen, Matt. Man könnte meinen, ich hätte versucht, meinen Fehler wieder auszubügeln, sozusagen. Aber meine Liebe zu John Butler kann die Tatsache, dass hier ein Grabstein steht, unter dem mein Johnny begraben ist, nicht wiedergutmachen.« David hatte energisch das Kinn vorgeschoben, fest entschlossen, das zu sagen, weswegen er Matt hier hinaufgeführt hatte. »John ist kein Ersatz für Johnny und dass ich John liebe, macht nicht wieder gut, dass ich bei Johnny versagt habe.«

Und jetzt kam er auf den Punkt, um den es ihm ging: »Tyler braucht jemanden, der ihn liebt.« Matt sah auf und begegnete dem Blick seines Mentors. »Wenn du derjenige sein könntest, wäre ich überglücklich. Aber Tyler ist nicht der Junge, den du verloren hast, und ihn zu lieben – was ich nur empfehlen kann –, bringt trotzdem das, was du getan hast, nicht in Ordnung.«

»Du hast aber doch gesagt, was ich getan habe, ließe sich wiedergutmachen«, war alles, was Matt darauf antworten konnte. Bei den letzten Worten war er innerlich erstarrt; das Gefühl der Wärme beim Gedanken an das, was Tyler für ihn und Alice tun könnte, hatte sich abgekühlt. Er konnte sich nicht erinnern, dass sein Mentor je zuvor so verletzend gewesen war wie eben.

Doch bevor sich Matt versah, fand er sich in einer engen Umarmung wieder, David hatte seine Arme fest um Hals und Schultern seines jungen Freundes geschlungen. »Ja, es kann wieder gut werden, Matt«, sagte David ruhig. »Aber nicht *du* kannst das bewerkstelligen. Ich kann dazu nur eines sagen, aber das ist wichtiger als alles, was ich dir – oder auch Tyler – jemals geben könnte: Es gibt nichts, was *du* tun kannst, um das, was du getan hast, wiedergutzumachen – weder Buße noch Spenden noch gute Werke oder sonstige menschlichen Bemühungen können das bewirken. Ich habe *nicht* gesagt, dass *niemand* es kann. Was diese Frage betrifft«, fuhr David fort und löste seine Umarmung, hatte aber immer noch einen Arm um die Schultern seines verwirrten Freundes gelegt, »liegt noch ein weiterer Schritt vor uns, bevor meine Beratertätigkeit beendet ist.«

David führte Matt wieder bergab zum Feuerkreis. Die Flammen loderten fast zwei Meter hoch und wärmten angenehm, denn es war plötzlich kühl geworden. Alle waren da. David ließ Matt stehen und trat in die Mitte.

»Wenn ich einen Düsenjet hätte«, begann er ohne weitere Vorrede, »und einen unbegrenzten Treibstoffvorrat und ich würde meinen Navigator auf den Nord- oder Südpol einstellen, wie lange müsste ich fliegen?«, fragte er in die Runde.

»Ein paar Stunden«, meinte Bobby. »Solange, bis du an einem der Pole angelangt wärst.«

»Eine kurze Zeit also«, konstatierte David. »Der Flug würde nur so lange dauern, wie man eben bis zum Nord- oder Südpol braucht. – Ein Vers aus den Psalmen«, sagte er dann mit lauterer, rauer Stimme. »So fern der Osten vom Westen liegt«, sprach er und machte dann eine Pause, damit diese beiden neuen Größen sich in die Vorstellung seiner Zuhörer aufbauten, »so weit nimmt Gott unsere Schuld von uns.«

David machte wieder eine Pause und schon wurde der Klang seiner Stimme durch das Prasseln des Feuers ersetzt.

»Liebe Freunde, wir alle haben Dinge getan, die wir uns nicht verzeihen können«, fuhr er dann fort. Er hatte sich vorgenommen, heute Abend noch ein paar Worte in die Weite des Universums zu rufen, dessen Gewicht auf der kleinen Gemeinschaft lastete. »Und es liegt nicht in unserer Macht, von unseren Taten loszukommen.« David sah bei diesen Worten Matt ganz direkt an. »Also, wie weit sind Osten und Westen voneinander entfernt?«, fragte David und ließ seine Frage wirken. Niemand antwortete ihm.

»Ein Mensch kann nicht vom Osten zum Westen gelangen«, verkündete David. »Die Entfernung ist zu groß. Sie ist, genau genommen, unendlich. Diese Entfernung kann man nicht allein bewältigen.«

»Denkt nicht ständig an das, was ihr einmal getan habt!« David brüllte jetzt beinahe und blickte immer noch Matt an. »Löst euch davon! Oder wie wir bei den Anonymen Alkoholikern sagen: ›Lass los. Und überlass es Gott.‹ Er vermag alles, womit wir nicht fertig werden.«

Dann schwieg David und die unendliche Weite der Szenerie übte ihre Wirkung aus, was seine wenigen Sätze in den Schatten stellte, zugleich jedoch überwältigend unterstrich. Matt hatte noch nie in seinem Leben eine solche Verzweiflung empfunden, so gefährlich nah am Abgrund seiner selbst gestanden. Unfähig, noch länger standzuhalten, zog er sich rasch vom Feuer zurück, um allein zu sein.

David hatte das Verschwinden seines Freundes beobachtet und wartete noch eine Weile, um sicherzugehen, dass ihm keiner der Jugendlichen folgte. Nur noch ein paar Minuten, zügelte er sich, denn er wäre gern sofort hinter ihm hergegangen. Matt brauchte jetzt ein paar Minuten ganz für sich allein – wichtige, schreckliche, einsame Minuten. Und dann wollte David nach ihm suchen. Sobald sein Freund genügend Zeit gehabt hatte, seiner Verzweiflung ins Gesicht zu sehen, würde David zu ihm gehen und Matt die nötige Orientierungshilfe anbieten. Bei der Mühe des Loslassens – dem Abwerfen der Lasten, die er sich aufgeladen hatte – würde er Anleitung brauchen. Denn Matt würde nicht wissen, wie er diesen Weg allein bewältigen konnte.

Beim Feiern ganz vorn

Als Matt am Samstagvormittag zum Flughafen aufbrach, lag eine Strecke von etwa sechzig Meilen vor ihm, wofür man auf fast allen Straßen im Verkehrsnetz der Vereinigten Staaten höchstens eine Stunde gebraucht hätte. Doch dank seines tranceartigen Zustands in Kombination mit dem serpentinenreichen Weg wurde daraus eine Reise von zweieinhalb Stunden. Während er von dem dreitausend Meter hoch gelegenen *High Summit* abwärts zu der nur noch zweitausend Meter hoch gelegenen Stadt Colorado Springs hinunterfuhr, stieg die Sonne am Morgenhimmel empor. Sie blendete ihn von vorn oder ließ die zerklüfteten steilen Berge links und rechts von ihm hell aufleuchten. Als Matt das Städtchen *Divide* passierte, schüttelte er fast belustigt den Kopf. Wasserscheide, wenn das nicht passte! Auch er stand am Scheideweg, nur dass es bei seiner persönlichen Entscheidung um etwas ging, das größer als ein Kontinent war.

Als er schließlich die letzten Kurven im Gebiet des *Garden of the Gods* durchfuhr – der Flughafen war nur noch zwanzig Minuten entfernt –, spürte Matt eine immer stärker werdende Beklemmung. Letzte Nacht war ihm alles so einleuchtend vorgekommen. Er hatte bis nach Mitternacht mit David gesprochen und im Anschluss seine Entscheidungen getroffen. Damit stand der zukünftige Kurs fest und beim Einschlafen war er bereit gewesen, die Folgen auf sich zu nehmen.

Jetzt war er sich nicht mehr so sicher. Die »High Summit Ranch« lag hinter ihm, der Flughafen kam immer näher und in ihm machte sich eine immer stärker werdende Unsicherheit hinsichtlich seiner Entschlüsse breit. Es hätte alles so eindeutig sein können, sagte er zu sich selbst, als er seinen Leihwagen parkte. Eine erfolgreiche Beratung lag hinter ihm, er hatte seine Notizen gesammelt und sauber abgeheftet, neue Pläne entwickelt und jetzt hätten ein paar Stunden auf einem großartigen Erster-Klasse-Flug (plus ein paar Drinks) dafür sorgen sollen, dass das Ganze – die Ranch, die Kids und alles übrige – immer mehr zurücktrat, unscharfe Konturen bekam und schließlich allmählich hinter ihm verschwamm. Doch auf seinem Weg zur Sicherheitskontrolle schüttelte Matt den Kopf und konnte das breite Lächeln, das sich auf seinem Gesicht ausbreitete, nicht mehr unterdrücken.

Ich hätte weglaufen können, dachte er – hätte, aber er hatte es nicht getan. Während er vor dem Kontrollpunkt stand und geduldig wartete, spürte er, wie wunderbar es war, mit leeren Händen dazustehen. Er hatte alles losgelassen. Einfach losgelassen. Und wie um das noch zu unterstreichen, hatte er sein Gepäck, seine Kleidung und selbst die sauber abgehefteten Notizen dagelassen. Sie steckten allesamt noch immer in den Schreibtisch- und Kommodenschubladen in seinem Zimmer auf der Ranch.

Als er in der frühen Morgendämmerung aufgewacht war, hatte er seine Mailbox abgehört. Die Nachricht, die er als erste hörte, klang vielversprechend und mit dieser hoffnungsvollen Aussicht hatte er sich leise angezogen und von der Ranch weggeschlichen, um tapfer seiner Zukunft ins Auge zu blicken.

Seine Rückfahrt durch die Berge und hin zu diesem Flughafen war ganz anders verlaufen als geplant – so unbelastet, so leicht.

In der Hosentasche hatte er nur seinen Führerschein, ein wenig Kleingeld und die Autoschlüssel, die er schon vor einigen Stunden bei der Mietwagenzentrale hätte abgeben müssen.

Und dann, wie ein Wunder, war sie auf einmal da, umarmte und küsste ihn und alles war so absolut unerwartet – geradezu unvernünftig –, aber dennoch wunderbar. Es war erst zwölf Stunden her, dass er sie ohne jede Vorwarnung gefragt hatte, und sie war tatsächlich gekommen!

»Ich liebe dich, Matt«, war alles, was Alice schließlich sagte, während sie sich noch enger an ihn schmiegte. Er hielt sie fest an sich gedrückt und stellte sich einen Augenblick den großen, breiten, leeren Erster-Klasse-Sitz vor, der inzwischen schon hinter dem Mississippi sein musste, den Phantom-Matt, von dem er sich getrennt hatte, an Bord auf dem Wege nach New York. Und er dachte auch an das kleine, schmale Bett auf der Ranch, das heute Abend nicht leer sein würde. Was für eine positive Entwicklung, dachte er und küsste seine Frau auf ihr tiefschwarzes, kurz geschnittenes Haar.

»Sie bringen diesen Kindern bei, wie sie die größten Ziele ihres Lebens erreichen können«, erklärte Matt Alice, während sie im Patio des *Balanced Rock Café* saßen und Bison-Burgers aßen. Der geschäftige Lärm des *Garden of God Trading Post* sorgte für perfekte Anonymität und Ungestörtheit. Sie brauchten diese Zeit für sich, bevor sie später auf der Ranch von neugierigen Kindern umringt sein würden. »Sie zeigen diesen Jugendlichen Schritt für Schritt, was sie mit ihren Träumen machen müssen, auf welchem Wege sie ihnen folgen und sie wahr machen können. Es ist wirklich ganz erstaunlich.«

»Würden sie uns das auch zeigen?«, fragte Alice mit einem schmerzlichen und sehnsuchtsvollen Ausdruck. »Jeder hält uns für höchst erfolgreich, Matt«, sagte sie beschwörend, »aber das ist doch ein Witz! Was ist mit all den Sachen, von denen wir geträumt haben? Was ist mit unseren Zielen?«

»Sie werden es uns bestimmt zeigen«, antwortete Matt knapp, aber mit Nachdruck. Wie er sich inzwischen überlegt hatte, konnte ein »Zielverwirklichungs-Team« schließlich auch von einem Ehepaar gebildet werden, genauso gut wie von einer Firmen-Abteilung oder einer Gruppe von Golffreunden, Nachbarn, Kollegen oder Freundinnen. »Was diesen Kindern hilft, wird auch meinem Team bei Lumina helfen«, fuhr er fort, »aber es wird zugleich auch dir und mir und uns beiden zusammen helfen.« Er streckte die Arme über den Tisch und nahm Alices Hände. »Hast du schon darüber nachgedacht?«, wagte er sich dann vor.

»Das ist eine große Entscheidung, Matt.« Alice machte eine Pause, ihre Augen blickten besorgt. »Selbstverständlich habe ich darüber nachgedacht. Ich konnte kaum schlafen. Aber, ehrlich gesagt, ich kann es mir überhaupt noch nicht vorstellen.«

Matt nickte verständnisvoll. Tyler sollte man sich auch nicht vorstellen, dachte er – und man konnte es auch gar nicht. Tyler musste man aus nächster Nähe erleben. Aber er drückte nur Alices Hand.

»Sieht so aus, als müssten wir uns heute Nacht ein schmales Einzelbett teilen«, sagte er dann. Matt wollte seiner Frau Zeit geben, ein bisschen Raum zum Atmen, etwas Unbeschwertheit.

Sie zog die Augenbrauen hoch und blickte ihren Mann über die Lesebrille, die sie auch zum Essen aufsetzte, hinweg an. »Das hat früher immer ganz gut funktioniert, wenn ich mich recht erinnere«, erwiderte sie verschmitzt.

»Wie konnte es nur geschehen, dass wir uns so auseinander gelebt haben?«, sagte sie dann und ihre Stimme hörte sich nur noch traurig an.

»Daran ist sicher das Kingsize-Bett schuld«, sagte Matt mit gespieltem Ernst. »Es ist so groß, dass ich eine Landkarte brauche.«

»Das Kingsize-Bett und all der andere Mist, mit dem wir unser Leben vollgestopft haben«, stimmte Alice ihm mit zorniger Stimme zu. »Arbeit und Stress und Verletzungen und das ewige Schweigen.« Sie sagte das in aller Deutlichkeit, aber ohne Schuldzuweisung. Sie erwiderte Matts Blick mit einem Ausdruck großer Traurigkeit. »Wir haben unser Leben mit immer mehr Dingen gefüllt, bis wir selber draußen auf der Straße landeten und wie Bettler lebten. Ist irgendetwas wirklich so, wie du es dir gewünscht hast?«, sagte Alice mit eindringlicher Stimme. »Ich wollte Abenteuer und Zweisamkeit. Aber alles, was wir haben, ist Arbeit und Burn-out.«

»Ich habe diese Kids beobachtet, Alice«, erwiderte Matt, »und die Methode, mit der sie lernen, ihr Ziel zu erreichen, bringt ihnen die spannenden Erlebnisse und die Zusammengehörigkeit, die sie sich wünschen. Sie lernen hier, wie sie ihre Ziele verfolgen und erreichen können, aber in Wirklichkeit wird ihnen der Sinn ihres Lebens gezeigt. Außerdem bestehen sie ihre Abenteuer in der Gesellschaft von Kameraden. Das Leben ist schon verrückt«, fuhr Matt fort und klang jetzt sehr aufgekratzt. »Diese im Stich gelassenen Kinder wissen bereits alle etwas, was wir nicht wissen. Sie lernen, was wir auch lernen müssen, nämlich, wie man seine Ziele verwirklicht und sich seine Träume erfüllt. Und was noch wichtiger ist, sie lernen, wie man noch einmal durchstartet, mit anderen zusammenarbeitet und sich gegenseitig hilft.«

»Was ich sagen wollte«, setzte Matt nachdenklich hinzu, »ist dies: Das Leben ist schön.« Er sah Alice an – sehr intensiv – und empfand Dankbarkeit. »Wir könnten darüber jammern, dass wir erst jetzt, mit über vierzig, die Chance bekommen, die wirklich notwendigen Dinge zu lernen – dass es schon zu spät ist, meine ich. Aber es ist nicht zu spät. Und ich glaube, die meisten Leute kommen gar nicht erst so weit.«

»Matt und ich haben gestern Abend darüber gesprochen, Alice, wie wichtig es ist zu wissen, dass ein Adoptivkind niemals ein Kind, das man verloren hat oder von dem man immer träumte, ersetzen kann.« David und John saßen mit Matt und Alice in Davids Arbeitszimmer. David hatte Matt und Alice gebeten, gleich nach ihrer Ankunft und bevor sie die jungen Leute auf der Ranch kennenlernten, bei ihm reinzuschauen. Er hatte dabei auch gefragt, ob Matt es in Ordnung fände, wenn John dabei wäre.

Die Wärme, mit der David Alice begrüßt hatte, als sie schließlich nach ihrem ausgedehnten Mittagessen eingetroffen waren, bedeutete Matt sehr viel. Noch bevor sie Alices Gepäck aus dem Wagen geholt hatten, war David zu ihnen geeilt und hatte Alice wie ein Vater an seine Brust gezogen. Schwungvoller hätte sie nicht in ihren Kreis aufgenommen werden können.

»Das hat mir Matt schon berichtet«, sagte Alice und griff nach der Hand ihres Mannes. Er hatte ihr beim Essen sehr viel erzählt, lauter Gutes, und doch hatte sie das Gefühl, sie müsse alles noch einmal in Ruhe überdenken.

David nickte zustimmend und fand sich durch alles, was er sah, bestätigt. Er beschloss fortzufahren.

»Das gilt übrigens auch andersrum«, sagte er. Matt und Alice blickten ihn verdutzt an. »Die neue Mutter und der neue Vater ersetzen keineswegs die Mutter und den Vater, die das Kind verloren hat«, erklärte David. »Die Kinder hier brauchen ganz dringend neue Mütter und Väter, aber die Betonung liegt auf ›neu‹. Die Adoption ändert nichts daran, dass sie ihre leiblichen Eltern verloren haben.«

»Jedenfalls bei denen, die ihre Eltern gekannt haben«, bemerkte Matt. Er wollte damit sagen, dass Davids Äußerung nicht auf alle adoptierten Kinder zutraf, zum Beispiel nicht auf diejenigen, die gleich nach der Geburt adoptiert wurden.

»Jede Situation ist anders, Matt«, warf John ein. »Jedes Kind ist anders. Du hast recht, man kann das nicht verallgemeinern. Wir sprechen hier ja über junge Menschen, die alle einzigartig sind.«

»Aber es gibt generelle Verhaltensmuster«, fuhr David fort. »Selbst Kinder, die als Säuglinge adoptiert wurden, sehen sich vor Fragen gestellt, die andere Kinder nicht kennen. Wohin ist mein Vater gegangen? Warum hat mich meine Mutter weggegeben? Haben sie mich nicht gewollt? Stimmt etwas nicht mit mir?«

»Bin ich es wert, geliebt zu werden?«, fügte John hinzu und kam damit zum Kern des Problems. »Menschen, die das Leid adoptierter Kinder wirklich verstehen, sprechen manchmal von der Urverletzung. Es handelt sich um ein tiefliegendes persönliches Trauma, das ihr verstehen müsst, Matt und Alice, bevor ihr euch mit euren Überlegungen in Bezug auf Tyler zu weit vorwagt.«

Matt und Alice sahen sich ernüchtert an. »Du willst uns darauf vorbereiten«, sagte Alice, an John gewandt, »dass ein Adoptivkind auch noch andere Empfindungen als Dankbarkeit gegenüber seinen neuen Eltern hat.« Sie wusste natürlich, dass dies so war, sie war ja nicht naiv. Aber es kam ihr richtig vor, dies auch auszusprechen. »Es gibt Konflikte und es ist bestimmt anstrengend«, fügte sie hinzu.

John schenkte ihr ein herzliches Lächeln. Genau wie David gefiel ihm Alice sehr und er zeigte es ihr deutlich. »Ich war für David superanstrengend, das ist mal sicher«, sagte er schalkhaft, »aber die Papiere wurden vor sieben Jahren unterschrieben und deshalb kann er mich nicht wieder loswerden.«

»Ich brauchte John ebenso sehr, wie er mich brauchte«, sagte David ruhig und blickte zu seinem Sohn hinüber. »Ehrlich gesagt, sogar mehr.«

»Ach, Unsinn!«, lachte John und strahlte dabei. »Das ist ein Streit, bei dem ich ihn niemals gewinnen lasse«, fügte er hinzu.

»Wie muss ich mir das vorstellen?«, fragte Alice beharrlich weiter. »Was genau ist so anstrengend?«

»Grob gesagt, Alice«, antwortete David, »wirst du mit einer von zwei möglichen Verhaltensweisen konfrontiert. Ein Teil der Kinder macht Sachen, die du unakzeptabel findest, um auszutesten, ob du sie zurückweist. Ist deine Liebe echt oder bloß eine Laune? Ein Kind kann sich ganz schön anstrengen, um zu erreichen, dass seine neuen Eltern es ablehnen. Und zugleich hofft es verzweifelt, dass seine Bemühungen keinen Erfolg haben, auch wenn es das dir gegenüber nie zugeben wird. Höchstwahrscheinlich versteht das Kind sich selbst nicht. Es fuchtelt nur wild in der Gegend herum, kriegt Wutanfälle und testet und sabotiert immer wieder alle Bemühungen.«

David gab ihnen einen Moment Zeit, um das Gesagte sacken zu lassen.

»Das ist eine ziemlich hässliche Enttäuschung für Adoptiveltern, die an dem Kind etwas wiedergutmachen wollen«, sagte Matt.

»Eine riesige Enttäuschung«, stimmte David ihm zu. »Außer wenn man sich die Lage des betreffenden Kindes wirklich klar macht. Was ich meine, ist: Man muss wissen, dass das Verhalten nichts mit einem persönlich zu tun hat.«

David und Matt tauschten einen Blick aus. So wütend er gestern Abend auf seinen Mentor gewesen war, so dankbar war er ihm jetzt für alles, was er hier gelernt hatte, für Davids Hilfe zu verstehen und zu handeln.

»Und wie sieht die andere Verhaltensweise aus?«, wollte Alice jetzt wissen.

»Das perfekte Kind«, antwortete John ohne sein übliches Lächeln. »Zu der Sorte gehöre ich«, fuhr er dann fort, ohne damit einen Witz machen zu wollen. »Wenn du dich jahrelang darum bemühst, dir Eltern zu verdienen und wenn du schließlich einen Vater bekommst, denkst du, du müsstest einfach perfekt sein, weil du glaubst: *Einmal was vermasselt und du bist weg vom Fenster!«* John blickte zu David hinüber und lächelte nun wieder, aber es war ein trauriges Lächeln.

»Mein alter Herr musste mir erst beibringen, dass es unmöglich ist, perfekt zu sein. Und dass geliebt zu werden nichts damit zu tun hat, ob man perfekt ist, sondern dass Liebe immer ein Geschenk ist und niemals ein Recht oder eine Belohnung. Ich glaubte früher, dass Kinder mit eigenen Eltern ein Recht auf Liebe hätten, während wir anderen sie uns erst verdienen müssten. Aber David hat mich gelehrt, dass für beide Arten von Kindern das Gleiche gilt: Liebe ist ein Geschenk. Und zwar immer! Erst als ich das begriffen hatte, konnte ich endlich normal atmen.«

»Du kannst dir gar nicht vorstellen, wie wichtig unsere Partys sind, Matt«, begann David seine Erklärungen. John hatte sich inzwischen verabschiedet, weil er noch zu tun hatte, und Alice war in die Küche gegangen, um bei den Vorbereitungen für die am Abend stattfindende Feier zu helfen. Zum einen tat sie das, weil sie schon immer am liebsten in der Küche war, wenn eine Party anstand. Aber der entscheidende Grund war, dass Tyler zur Küchenmannschaft gehörte. Sie waren sich alle einig gewesen, dass es eine gute Idee sei, wenn sie Tyler ohne Matt kennenlernte – ganz ohne Erwartungsdruck. Noch ahnte Tyler nichts von Matts Überlegungen und wusste auch nicht, wer Alice war, und deshalb würde er sich nicht unnatürlich in Szene setzen. Alice wiederum war zwar einverstanden gewesen, zur Ranch zu kommen und sich ihr eigenes Urteil zu bilden. Doch sie wollte vermeiden, in eine emotionale Falle zu tappen und hatte darauf bestanden, ihre Schritte selbst zu bestimmen. David hatte ihrem Plan zugestimmt; einem Kurs, den auch er vorgeschlagen hätte.

»Alles, was du bisher von unserer Engagement-Formel kennengelernt hast, Matt, zielt darauf ab, dass die Kinder die richtige Richtung anpeilen«, fuhr David fort. »Aber es ist eine Sache, die richtige Richtung einzuschlagen, und eine andere, den Kurs zu halten und so motiviert zu bleiben, dass man über längere Zeit sein Bestes gibt. Deshalb will ich noch einmal gegen meine eigenen Regeln verstoßen und dich noch weiter ins Bild setzen. Eigentlich wollte ich dich nämlich mit der dritten Fähigkeit in unserer Gleichung erst bei deinem nächsten Besuch bekannt machen«, und damit erhob er sich mit einem breiten Grinsen von seinem Stuhl, um etwas auf die große Papierrolle zu schreiben, die zwischen Dutzenden von Pferde- und Kinderfotos an der Wand rechts von seinem Schreibtisch hing.

»Um es noch einmal zu wiederholen: Vertrauen ist die charakterliche Grundanforderung an jeden, der Mitarbeiter führen will.« Während er sprach, schrieb David weiter auf dem Papier. »Wir arbeiten jeden Tag daran, die Kluft zwischen Reden und Tun zu schließen, indem wir halten, was wir unseren Angestellten und den Kindern versprochen haben. Das ist die Grundlage, auf der wir ein Vertrauensverhältnis zu unseren Mitarbeitern aufbauen.«

»Das ist ein Multiplikator«, warf Matt ein. »Du schreibst V mal drei A, statt V plus die drei A.«

David lächelte. »Scharfsinnig beobachtet, Matt. Vertrauen ist kein bloßer Zusatz. Wenn das Vertrauen gleich null ist, dann sind auch deine Ergebnisse gleich null, ganz egal, wie nachhaltig deine Fähigkeiten sind. – Also«, fuhr er fort, »du hast die erste Fähigkeit bereits kennengelernt, die Aufgabenstellung. Sie ist gleichzusetzen mit der Vorbereitungsphase. Der Leitende entwirft die Pläne mit der Absicht, die Vision möglichst klar auszudrücken, und dabei stimmt er die einzelnen Stärken und die Rollen aufeinander ab. Weißt du noch, was ich hierbei besonders betont habe?«

»Dass man das Annehmen lernen muss«, antwortete Matt. »Das Mitarbeiterteam erbringt Leistungen für dich und du musst deren Wert erkennen und alles, was da ist, richtig zu würdigen wissen, statt dich auf das zu konzentrieren, was nicht da ist.«

David schrieb »Aufgabe stellen« auf und danach die Wörter »Vorbereitungsphase – Pläne, Stärken, Rollen« und »Annehmen lernen« direkt darunter.

»Und die zweite Fähigkeit?«

»Das Anpacken. Dabei habt ihr beide, Teddy und du, betont, dass man in dieser Phase darauf gefasst sein muss, dass es anders läuft als geplant. Deshalb machst du Innovationen, überprüfst alles noch mal *(scannen)* und nimmst gegebenenfalls Änderungen vor *(anpassen)*«, sagte er und bewies damit seinem Mentor, dass er bereit war für den nächsten Schritt.

»Anpacken«, schrieb David und danach: »Durchführungsphase – *Innovationen vornehmen, scannen, anpassen*« und darunter »loslassen lernen«.

»Warum ist es so wichtig, das Loslassen zu lernen, Matt?«

»Kurskorrekturen sind normal. Alles, was nicht funktioniert, muss man loslassen und darf nicht daran festhalten.«

»Und, wie wir bereits sagten, gilt das auch für die Fehler, die du gemacht hast. Du musst die kleinen wie die großen Fehler loslassen. Sie hinter dir lassen und weitergehen.«

David und Matt lächelten sich an. Sie waren in kurzer Zeit schon sehr weit gekommen.

»Und die dritte Fähigkeit?« Matts Lächeln wurde noch stärker. »Wenn ich richtig rate, hat es etwas mit einer Party zu tun.« David antwortete nicht, sondern schrieb folgende Worte auf die Karte: »Bewertungsphase – bewerten, belohnen, (neu) vorbereiten.«

Dann fügte David noch »sich freuen lernen« hinzu und damit war seine Wiederholung des Stoffs und dessen Aktualisierung beendet.

»Bei sorgfältiger Planung der Bewertungsphase, das heißt, wenn sie so abläuft, dass dein Ziel und deine Pläne verstärkt werden, fangen die Jugendlichen an, sich schließlich wie Eigentümer zu verhalten und nicht mehr wie unwillige Hilfskräfte. Die Party, von der du gesprochen hast, klopft das Ganze fest, macht also den Prozess verbindlich.«

»Kannst du mir das noch genauer erklären?«, fragte Matt, der jetzt sehr gerade dasaß und gebannt die Wörter auf der Papierrolle anstarrte.

»Als Erstes sorgt der für die Erreichung des Ziels verantwortliche Leiter dafür, dass Ziel und Plan sonnenklar sind. Führungskräfte tun das gemeinsam mit dem Team in der Vorbereitungsphase. Wenn die Teamkollegen zeigen, dass sie die Absichten und Zielsetzungen des Anführers klar und richtig wiedergeben können, gibt es dafür Applaus. Als Zweites überprüfen wir ständig, ob wir unseren Zielen näher gekommen sind. In der Durchführungsphase bieten sich eine Menge Punkte zum Feiern, Matt. Jeder positive Schritt wird gefeiert, jede Anpassungsmaßnahme wird gefeiert, und auch, wenn man etwas aufgibt, weil es die Mühe nicht lohnt, wird jedes Mal gefeiert. Wir feiern sogar ›Das-hat-nicht-funktioniert!-Partys‹«, sagte David, »genauso wie ›Wir-haben's-geschafft!-Partys‹. Alles, was uns hilft voranzukommen, wird gefeiert. – Ich habe dir ja schon gesagt, dass wir den Kindern das Führen auf eine Weise beibringen, dass der Schalter von AUS auf AN springt. Allerdings ist das schon lange her, es war am Mittwoch, wenn du dich so weit zurückerinnern kannst«, fügte er hinzu und lächelte verschmitzt.

Matt nickte. David hatte ihm zwar die Engagement-Formel auseinandergesetzt, doch er hatte immer noch nicht erklärt, wie das alles den inneren Schalter der Menschen so umlegte, dass sie sich total engagierten.

V x 3A = E

Engagement-Formel

V (die Wort-Tat-Kluft schließen)

Vertrauen (Glaubwürdigkeit der Führungskraft)

3A (die Geld-Sinn-Kluft schließen)

Aufgabe stellen (Vorbereitungsphase)

- Pläne, Stärken, Rollen
  - Annehmen lernen

Anpacken (Durchführungsphase)

- Innovationen vornehmen, scannen, anpassen
  - Loslassen lernen

Applaudieren (Bewertungsphase)

- Bewerten, belohnen, (neu) vorbereiten
  - Sich freuen lernen

»Ach ja, eins habe ich noch nicht gesagt: In den wissenschaftlichen Untersuchungen wurde auch die Ursache für fehlendes Mitarbeiter-Engagement diagnostiziert.«

Matt sah David abwartend an.

»Es lag am mangelnden Vertrauen in die Führung, Matt, nicht nur am persönlichen Vertrauen in die Integrität des Vorgesetzten, sondern an einem systemischen Mangel an Vertrauen in die gesamte operative Disziplin der Organisation. Zum einen glauben die Mitarbeiter nicht, dass die leitenden Angestellten wirklich tun werden, was sie gesagt haben.«

»Verstehe, die Kluft zwischen Worten und Taten«, ergänzte Matt.

»Zum anderen, auf einer tieferen Ebene, vertrauen die Mitarbeiter nicht darauf, dass man sich ›oben‹ in dem Fall, dass etwas schiefgeht, noch daran erinnert, welche Aufgabe ihnen gestellt worden war. Ein kleiner Rückschlag genügt und schon heißt es: zum Teufel mit dem angepeilten Ziel. Und die Mitarbeiter müssen feststellen, dass ihre Vorgesetzten sich die ganze Zeit bedeckt halten oder dass sie ihre Pläne schon bei der kleinsten Schwierigkeit wieder über Bord werfen. Du weißt das selbst am besten, Matt.«

»Oder das Projekt ist erfolgreich«, fuhr David fort, lebhafter denn je. »Das Ziel wurde erreicht und es ist Zeit zur Bewertung, Zeit für einen Bonus, eine Beförderung. Wie viele Beispiele kannst du mir nennen«, fragte David herausfordernd, »wo ein Chef einen Mitarbeiter oder eine Mitarbeiterin anweist, etwas auf eine bestimmte Weise zu erledigen, und hinterher wird er oder sie, der genau das getan hat, was man ihm aufgetragen hat, aus diesem oder jenem Grund überhaupt nicht mehr beachtet oder noch schlimmer, sogar bestraft?«

»Warum um alles in der Welt sollte man sich unter solchen Umständen mit allen Kräften in seinem Job einsetzen, nicht wahr?« David wollte unbedingt, dass Matt diesen Punkt verstand. »Wenn dein Chef wankelmütig und undiszipliniert ist, wenn er erst eine wichtige Aufgabe stellt und dann beim ersten Auftauchen von Schwierigkeiten aufgibt oder, was häufiger vorkommt, wenn er die Bewertungen und Belohnungen nicht sorgfältig mit dem, was er ausdrücklich verlangt hat, verknüpft ...« David sprach nicht zu Ende.

»Dann ist es besser, auf Nummer sicher zu gehen und abzuwarten, woher der Wind weht«, vollendete Matt den Satz und schämte sich dabei zutiefst. Er hatte Randy vorgeworfen, er habe seinen Drive verloren und brächte sich nicht mehr richtig ein. Randy hatte sich in das Musterbeispiel eines Mitarbeiters verwandelt, der sich nicht mehr engagiert, und Matt hatte ihm innerlich die Schuld daran gegeben, dass so vieles nicht gelaufen war – allein in seinem Büro sitzend und mit einem kümmerlichen Bericht nach dem anderen konfrontiert.

Der Gedanke an Molly vertiefte seine Reuegefühle noch. Während Randy sich apathisch und unverbindlich verhalten hatte, war Molly hart und bitter geworden. Das war schlimmer, als sich nicht mehr zu engagieren; Matt hatte schon Überlegungen angestellt, auf welche Weise er sie wegen ihrer immer stärker werdenden negativen Einstellung loswerden konnte. Und dabei war er selbst es gewesen, der ihr geschadet hatte, wie ihm jetzt klar wurde. Er hatte sie um ihre Belohnung für die gute Arbeit, die sie geleistet hatte, gebracht, sie mit etwas, was er für eine Beförderung hielt, bestraft und ihr die Schuld an allem gegeben, was in Wirklichkeit eine Folge seiner eigenen schlechten Führung gewesen war.

Wankelmütig und undiszipliniert, hatte David gesagt. Belohnungen wurden nicht mit den positiven Dingen verbunden, die erreicht worden waren. Matt wurde schlecht bei dem Gedanken an alles, was er getan hatte; es war zwar unabsichtlich geschehen, aber getan hatte er es trotzdem.

Deb dagegen war ein anderer Fall und Matt nahm sich vor, sie zu fragen, wie sie es fertigbrachte, immer so positiv zu sein. Sie war stets engagiert geblieben, doch das lag nicht an ihm. Es war, als käme sie bereits zufrieden zur Arbeit statt zur Arbeit zu kommen, um dort Befriedigung zu finden. Er konnte sich wahrlich glücklich schätzen, dass er sie hatte.

»Alles hat mit Vertrauen zu tun, Matt«, sagte David. »Vertrauen in dich selbst und in deine betriebliche Disziplin.«

Matt nickte nüchtern. Er verstand allmählich, was vor sich ging.

»Es sieht so aus«, fuhr David fort, »dass die meisten Mitarbeiter, von ein paar Mistkerlen abgesehen, sich einen Job wünschen, der ihnen Freude macht. Viele von ihnen haben auch Ideen für Verbesserungen am Arbeitsplatz, über die sie liebend gern mit anderen sprächen. Sie würden gern abends nach Haus kommen und erzählen, wieder mal eine entscheidende Rolle gespielt zu haben. Aber warum sollte man sich die Mühe machen ...«

»... wenn man sich nicht darauf verlassen kann, dass der Chef auf Kurs bleibt und bis zum Ende durchhält«, vollendete Matt den Gedanken.

»... und wenn es in der betrieblichen Praxis an der täglichen Disziplin und den nötigen Instrumenten mangelt, die man benötigt, um an den Zielen und Plänen des Unternehmens festzuhalten«, ergänzte David.

Dann schwiegen sie beide.

»Also stellt das *V* die notwendige charakterliche Grundlage für eine Führungskraft dar. Der Chef muss die Einheit von Reden und Handeln herstellen.«

Da dies bereits mehrfach besprochen worden war, bedurfte es keiner Reaktion von Matts Seite.

»Die *A* sind die unabdingbaren Erfordernisse tagtäglicher betrieblicher Disziplin und folgerichtigen Handelns. Führungskräfte müssen die Kluft zwischen bloßem Geldverdienen und höherem Zweck schließen.«

»Sara erwähnte das bereits. Was bedeutet das genau?«

»Gute Führungskräfte geben sich ungeheure Mühe, ihre motivierenden Reden mit scheinbar geringfügigen betrieblichen Realitäten, also dem täglichen Kleinkram, zu verknüpfen. Alles, was zum gemeinsamen übergeordneten Ziel festgelegt wurde, wird wieder sichtbar, wenn es Zeit zum Feiern ist. Es ist also kein leeres Gerede, Matt! – Ich kann es nicht erklären, aber deine Glaubwürdigkeit als Führer ist erst dann unangefochten, wenn eine Feier stattfindet. Wenn du dein Wort so lange hältst, bis es etwas zum Feiern gibt, dann wissen die Leute, die deine Weisungen befolgen, letztendlich, dass das, was du gesagt, gemeint und von ihnen verlangt hast, wirklich genau das und nichts anderes bedeutete.«

David ging zurück zu der Papierrolle und schrieb seine Formel als Oberstes über alles andere:

$$V \times 3A = E$$

»Wenn du die Formel anwendest«, schloss David, »dann wird dein Betrieb für deine Angestellten zu mehr als einer bloßen Einkommensquelle. Dann ist er untrennbar verbunden mit ihrer Vorstellung von einem sinnvollen, zweckbestimmten Leben. Wende die Formel an und das Resultat ist echtes Engagement. Und noch etwas, Matt«, fügte David mit Betonung hinzu, »wenn dein Team sich wirklich engagiert, dann mach dich auf etwas gefasst – und halt deinen Hut fest!«

»Die Warnung hast du mir bereits am Telefon gegeben, David«, warf Matt lachend ein.

David verstand nicht gleich.

»Ich habe dich damals gefragt, was ›hands-on‹ bedeutet, und du hast gesagt, Hände seien dafür da, seinen Hut gut festzuhalten. Ich muss gestehen – da hab ich richtig Schiss gekriegt.«

Jetzt fiel es David wieder ein und er stimmte in das Lachen seines jungen Kollegen mit ein. Er freute sich, wie weit Matt in der kurzen Zeit schon vorangekommen war.

»Ich sagte damals, dass Hände für noch mehr gut seien«, gab David zurück.

»Es war kein fairer Wettbewerb, David.«

»Nein. Nicht fair. Aber du musst wissen, dass ich diese starke Bindung an Tyler überhaupt nicht vorhergesehen habe. Ich war zwar sicher, dass du, wenn überhaupt Blut in deinen Adern fließt, berührt sein würdest. Aber Tyler hat das Fundament für alles andere gelegt. Er hat dich erwählt.«

»Und ich ihn«, erwiderte Matt ruhig und mit nachdenklicher Miene.

»Nervös?«

»Nein. Ich bin mit mir im Reinen. Es kommt, wie es kommen soll. Entweder wird es zwischen Alice und Tyler funken oder eben nicht. In jedem Fall steht sie bei mir an erster Stelle. Tyler hat keine Zukunft mit mir, wenn er nicht auch eine Zukunft mit Alice hat.«

Davids Augen füllten sich mit Dankbarkeit. Er konnte sich keine besseren Worte vorstellen. Matt und Alice würden es schaffen. Das war die grundlegende Voraussetzung und nichts, was er für Tyler erhoffte, konnte vorrangig sein.

»Also, dann lass uns rübergehen. Jetzt wird gefeiert!« David sagte dies mit einem Gefühl tiefer Folgerichtigkeit. Sie waren im Begriff, eine wichtige Erfahrung zu machen und erst, wenn sie nach draußen und über den Hof zum Speisesaal gegangen waren, würden sie eine Vorstellung davon haben, was die Zukunft bringen könnte.

Matt ging als erster den Flur entlang zum Speisesaal und blieb dann wie angewurzelt auf der Türschwelle stehen. Hier ging es zu wie im Tollhaus. Einige Kinder befestigten bunte Kreppbänder kreuz und quer unter der Decke, andere standen an einem Heliumbehälter und pumpten Luftballons auf, wieder andere verteilten Teller, Gläser und Bestecke auf den Tischen und eine weitere Gruppe war dabei, an der Stirnwand des Raums ein riesiges Banner mit der Inschrift: »Matt James: Offizieller Cowboy!« aufzuhängen. Und er hatte geglaubt, es wäre eine Feier zu Saras 16. Geburtstag! Hatten sie nicht gesagt, dass sie eine große Party für Sara veranstalten wollten und es toll fänden, dass Matt noch einen Tag länger bleiben würde, um mitzumachen? Und er war auf ihre List reingefallen, obwohl er doch wusste, dass der richtige Tag erst morgen war. Dass dieses ganze Gewimmel und all die dynamische Fröhlichkeit seiner Person galten, machte ihn sprachlos.

Aber es war nicht der Anblick des fröhlichen Chaos, der ihn aus dem Tritt gebracht hatte. Auf der anderen Seite des Saals, ihm gegenüber, standen Alice und Tyler hinter einem Arbeitstisch. Sie hatten sein Eintreffen nicht mitbekommen, weil sie vollauf damit beschäftigt waren, einen riesigen flachen Geburtstagskuchen mit Glasur einzupinseln. Nicht nur ihre Hände, sondern auch ihre Gesichter waren mit Zuckerguss beschmiert – offensichtlich hatten sie sich geneckt. Lachend und gestikulierend tauschten sie Ideen aus, wie ihr Meisterwerk noch verschönert werden könnte. Auch an ihrer Körpersprache war eine ungezwungene Nähe abzulesen. Alice hatte Tyler eine Hand auf die Schulter gelegt und Tyler lehnte sich an sie und sah immer wieder zu ihr hoch, um ihren Blick aufzufangen, ihr zustimmendes Nicken zu genießen, ihr Lächeln und ihre anerkennenden Worte aufzusaugen.

Und wie sehr sie sich ähnelten! Tiefschwarze Haarschöpfe, kurz geschnitten und verwuschelt, sehr helle Haut, dunkle, forschende Augen, Gesichter, die oft einen Anflug von Unsicherheit trugen. Bis zu diesem Moment war ihm das gar nicht aufgefallen. Tyler sprach sein Herz auf dieselbe Weise an wie Alice – das Sehnsüchtige und Zurückhaltende an ihm und seine nicht auf den ersten Blick sichtbare Gabe, sich unbändig zu freuen, die sich plötzlich Bahn brechen konnte und sein ganzes Wesen zum Leuchten brachte.

Alice blickte auf und gewahrte Matt. Sie bückte sich zu Tyler hinunter und sagte ihm etwas ins Ohr. Dabei ließ sie ihre Augen nicht von ihrem Mann. Tyler hob den Kopf, entdeckte Matt auf der anderen Seite des Saals und nickte zustimmend als Antwort auf das, was sie gerade zu ihm gesagt hatte. Dann sagte Tyler etwas zu Alice, wobei ihn beide beobachteten, und es war an Alice zu nicken. Und dann lächelte ihm Alice quer durch den Saal zu. Sie bückte sich noch einmal zu Tyler hinunter und sagte wieder etwas zu ihm, ihren Mund dicht an seinem Ohr. Tyler legte den Kopf zur Seite und runzelte die Stirn, während er versuchte, die verschiedenen Informationsfetzen zusammenzusetzen. Sie sagte noch etwas und seine Augen blitzten erstaunt auf. Und dann strahlte er über das ganze Gesicht und wedelte wild mit der Hand, um Matt zu bedeuten, er solle zu ihnen herüberkommen. Doch das dauerte ihm alles zu lange und er blieb nicht länger neben Alice stehen, sondern schoss Matt entgegen, um ihn zurück zu seinem angestammten Platz neben der Frau zu bringen, von der er gerade eben erfahren hatte, dass sie nicht nur seine neueste Freundin, sondern die Frau seines anderen neuen Freundes war.

Matt umarmte Tyler kurz, dann nahm er ihn bei der Hand und ging zu Alice hinüber. Er umarmte auch sie und küsste sie dann auf den Mund. Tyler sah ebenso geniert wie beeindruckt zu.

Als Matt schließlich den Kuchen bemerkte, brach er in schallendes Gelächter aus. In groben Umrissen, aber doch kunstvoll hatten Alice und Tyler mit farbigem Zuckerguss ein Bild auf die weiße Glasur gemalt: ein Pferd im gestreckten Galopp, auf seinem Rücken ein Mann – es bestand kein Zweifel, wer gemeint war –, der mit der einen Hand den Sattelknopf umklammerte und mit der anderen seinen Hut festhielt. Quer darüber stand die Inschrift »Matthew James – Bleib oben, Cowboy!«

»Sie ist ja deine Frau!«, war das Erste, was Tyler herausbrachte. Sein Ausruf klang glücklich, aber hörte sich zugleich fast belehrend an, als wolle er Matt über etwas Entscheidendes aufklären.

Matt fuhr ihm durchs Haar und sah Alice an. »Stimmt genau, Tyler. Sie ist meine Frau.« Alice warf ihm einen liebevollen Blick zu. In ihrer Beziehung hatte sich wirklich etwas verändert, dachte sie, und damit flammten auch die Hoffnungen von einst wieder auf.

»Und, wie ist sie so?«, fragte Matt den Jungen in vertraulichem Ton, als ob Alice nicht direkt vor ihnen stünde und ihr Gespräch laut und deutlich mit anhören könnte.

»Ich mag sie«, strahlte Tyler und blickte sie dabei an.

»Ich auch«, erwiderte Matt. Er stand vor seiner Frau wie ein Kunstliebhaber vor seinem Lieblingsbild.

Die Party war anders als alle, zu denen Matt je eingeladen gewesen war. Da er es nicht gewohnt war, geehrt zu werden und im Mittelpunkt zu stehen, fand er es überwältigend, wie Männer und Frauen, Jungen und Mädchen vor ihm darüber sprachen, was es für sie persönlich bedeutete, dass sie ihn kennengelernt hatten. Wie konnte das sein? Heute Abend würde er schließlich erst zum vierten Mal auf der Ranch übernachten. Er war doch noch ganz neu hier. Und jetzt zählten die Kinder Punkt für Punkt auf, was Matt ihnen während seines Besuchs gegeben hatte und was sie von ihm gelernt hatten. Der Gedanke, dass er, der schließlich Abteilungsleiter in einem großen Unternehmen war, nichts, was auch nur entfernt diesem überwältigenden Erlebnis ähnelte, für seine eigenen prächtigen Mitarbeiter getan hatte, machte ihn demütig. *Ein kleiner Knabe wird sie führen*, dachte er, konnte sich aber nicht mehr an die Quelle des alten Zitats erinnern.

»Matt, am Samstag und Sonntag verbringen wir den Abend drinnen statt draußen am Feuerkreis.« David hatte inzwischen die lange – und manchmal sehr komische – Runde der Beteuerungen und Betrachtungen abgeschlossen und seinen Platz vorn vor den Versammelten eingenommen, um die Feier abzuschließen. Alle waren aufgestanden und standen in lockeren Grüppchen im Kreis. Alice griff nach Matts Hand und Tyler stellte sich dicht hinter sie. Als sie die Wärme des Kindes spürten, hoben sie ihre verschlungenen Finger nach hinten über seinen Kopf und schoben ihn zwischen sich nach vorn.

»Ich habe dir versprochen, ich würde dich alles lehren, was du brauchst, um deine Abteilung in New York wieder auf Vordermann zu bringen. Ich habe aber verschwiegen, dass ich dabei Hilfe haben würde.«

Matt blickte sich um und war beeindruckt von dem deutlich sichtbaren Interesse der Gruppe an seinem Wohlergehen und von der Großzügigkeit, mit dem sie ihm Tatkraft und Zeit schenkten.

»Ich muss zum Schluss noch auf eine Sache eingehen, bevor wir dir Lebewohl sagen. Ich habe ständig betont, wie wichtig es ist, dass du deine Leute dazu bringst, sich mit allen Kräften zu engagieren. Und vorhin habe ich dir gesagt, dass sich alles um das Vertrauen dreht!« Er machte eine kleine Pause und Matt bestätigte beides mit einem Kopfnicken. »Und ich habe dir im Laufe deines Besuchs bei mehreren Gelegenheiten etwas Grundlegendes gezeigt, so etwas wie eine verborgene Wahrheit verraten, die Führungskräfte wissen müssen, wenn ihr Ziel ein Unternehmen mit umfassendem Engagement aller Beteiligten ist.«

Jetzt nickte Matt nicht mehr. Diese »verborgene Wahrheit« hatte er irgendwie nicht mitbekommen.

»Keine Sorge, mein Freund«, fuhr David freundlich fort. »Ich habe sie dir zwar vor Augen geführt, aber ich habe sie nie ausdrücklich in Worte gefasst. – ›Jedes Kind eine Hoffnung, jedem Kind ein Zuhause‹. Das Motto unserer Ranch!«, hob er noch einmal an. »Hoffnung entsteht aus einem Zugehörigkeitsgefühl, Matt, und Zugehörigkeit erfährt man in einem Kreis von Menschen, die einander vertrauen und aufeinander bauen. Wo jeder etwas zu geben hat und jeder auch etwas empfangen kann.

Wir nennen den Ort, wo wir uns zugehörig fühlen, unser Zuhause. Wenn wir nach unserem Zuhause suchen, dann suchen wir genau genommen nach Zugehörigkeit. Hier bei uns arbeiten wir mit Hochdruck daran, für jedes dieser Kinder ein Zuhause zu finden.« Davids Stimme war lauter und leidenschaftlicher geworden. »Aber vor allem anderen versuchen wir, genau hier ein Zuhause zu schaffen. Oder wie man es betriebswirtschaftlich ausdrücken könnte: Wir stellen auf der Ranch eine Unternehmenskultur des umfassenden Engagements her. Hier auf High Summit schaffen wir eine Kultur der Zuverlässigkeit und des Angenommenseins – eben das macht ja ein Zuhause aus –, in der die Kinder entdecken können, dass es für sie gut ist und auch nicht gefährlich, wenn sie sich mit ihrer ganzen Person in ein abenteuerliches Unternehmen stürzen.

Unsere Engagement-Formel sorgt nicht nur dafür, dass die Arbeit besser läuft, Matt«, kam David zum Schluss. »Sie schafft auch eine völlig neue Kultur, in der die Menschen sich bewusst dafür entscheiden, sich ganz und gar einzubringen. Die verborgene Wahrheit ist die, dass es nicht die Führungskräfte sind, die die Menschen dazu bringen, sich zu engagieren.«

Matt blickte verständnislos drein und wartete, dass sein Mentor sich genauer ausdrückte.

»Die Menschen engagieren *sich selbst*«, sagte David. »Sie tun das Ihre, wenn wir das Unsere tun. Die leitenden Angestellten sind zwar die Ersten, die ihren Beitrag leisten – sie schaffen die Voraussetzungen für alles Weitere. Aber dann sind es die Mitarbeiter, auf die es ankommt, indem sie sich mit vollem Einsatz der Persönlichkeit in das Unternehmen einbringen. Wir müssen unsere Schuldigkeit tun – das heißt, wir müssen die Engagement-Formel integer und mit nicht nachlassender Disziplin anwenden – und wenn wir das tun, werden sie das Ihrige tun.«

Alle Augen waren auf Matt gerichtet. Davids Worte hatten bewirkt, dass in der Gruppe ein Gefühl von Größe und Bedeutung entstanden war. Jeder einzelne spürte, dass das, was David hatte sagen wollen, zwar an jeden von ihnen gerichtet war, doch in besonderem Maß Matt gegolten hatte. Und Matt wusste, dass David damit den Schlusspunkt unter seine Tätigkeit als Unternehmensberater gesetzt hatte.

»Eine Lesung aus den Römerbriefen«, sagte David und holte damit alle Anwesenden aus ihren eigenen Gedanken zurück in die Gegenwart. »Der Geist, den euch Gott gegeben hat, ist ja nicht ein Sklavengeist, sodass ihr wie früher in Angst leben müsstet. Es ist der Geist, den ihr als seine Söhne und Töchter habt. Jetzt könnt ihr frisch und frei leben, und jeden Tag begrüßt ihr Gott wie ein Kind mit: ›Und was machen wir jetzt, Daddy?‹«

»Und nun ab mit euch ins Bett!«, setzte David hinzu und blickte dabei Matt und Alice an. »Schlaft gut! Träumt was Schönes und erholt euch! Morgen ist ein neuer Tag. Mal sehen, was er uns bringt!«

Neues Engagement

2700 Kilometer später war Matt wieder zurück im Großstadtchaos. Dank des rot-weiß-blau angestrahlten Empire State Buildings und eines reichlich redseligen Limofahrers fühlte er sich bald wieder zu Hause. Er wies den Fahrer an, ihn direkt ins Büro zu bringen, obwohl es 1.30 Uhr war. Bob Herman, der Nachtwächter, war der Einzige, der ihn um diese Zeit dort begrüßte. »Kommen Sie mit in mein Büro, Bob«, sagte Matt. »Sie haben doch eine Minute Zeit zum Reden?«

Vor seinem verwirrten, aber interessierten Zuhörer entwarf Matt dann einen Plan, wie er die Struktur der »Zielverwirklichungs-Teams« auf seine Abteilung übertragen könnte und wie die Engagement-Formel Teil des Prozesses werden sollte, mit dem sein Team in Zukunft seine Ergebnisse verbessern würde. Zum Amüsement des Wächters druckte Matt auch Fotos von wilden Mustangs, Landschaften in den Rocky Mountains und Kindern aus, die er in seinem Büro aufhängen wollte.

Bob nahm alles mit interessierter Miene auf. Allerdings dachte er eigentlich, Matt sei nicht mehr ganz richtig im Kopf – wenn auch freundlicher geworden. Doch es war immer noch besser, Matt zuzuhören, als einsam durch die Gänge zu wandern.

Zum ersten Mal in seinem Berufsleben schlief Matt dann auf

dem Sofa in seinem Arbeitszimmer. Nach zwei Stunden wachte er auf und duschte im Umkleidebereich des Fitnessraums. Während er vor Morgengrauen durch das Gebäude wanderte, ertappte er sich dabei, dass er die Ohren spitzte, ob nicht irgendwo das Lachen und Schwatzen von Kindern, die sich für den Tag fertigmachten, zu hören war. Doch alles, was er hörte, waren die kurzen Aufwärmgeräusche von Computern und das immer häufigere Gezwitscher und Geklingel der unterschiedlichsten Handytöne.

Matt ging zum Wasserspender vor dem Konferenzraum. Während er seinen Becher füllte, ließ er die Ereignisse der letzten Tage kurz Revue passieren. Wie sollte er seinem Team in angemessener Weise miteilen, dass er gerade dabei war, seine gesamte Weltsicht zu ändern? Würde er sie auf seine Seite bringen können? Wenn sie im nächsten Monat zusammen auf der Ranch waren, würde sich vieles klären, aber was er bis dahin sagen sollte, war ihm noch unklar. Abwesend trank er den Becher leer, zerknautschte ihn und warf ihn fort. Dann drehte er sich um und ging zur Tür des Konferenzraums.

Seine rechte Hand schloss sich um den Metallknopf der Teakholztür. Er drehte ihn und drückte die Tür auf und im selben Moment trafen ihn die orangeroten Strahlen der New Yorker Morgensonne, die durch die gegenüberliegenden Fenster strömten. Er musste an den ersten Sonnenuntergang in Colorado denken, den er gemeinsam mit David betrachtet hatte. Er wollte schon die Augen schließen, um ihn sich noch einmal vorzustellen, als hinter ihm jemand seinen Namen sagte.

Es war Randy, sein erster Verkäufer.

»Morgen, Matt. Sieht ganz so aus, als wäre Ihr Trip interessant gewesen.«

»Ja, unglaublich«, lächelte Matt und legte dabei Randy einen Arm um die Schulter, um ihn in den Raum zu geleiten. Mit einem verstohlenen Blick zur Seite registrierte Randy dieses historische Ereignis.

Eine halbe Stunde später hatte sich Matts gesamtes Team in Raum 43 C rund um den langen Mahagoni-Konferenztisch versammelt. Matt, der am Kopfende saß, stand auf, räusperte sich, öffnete den Mund, um anzufangen, und schloss ihn wieder. Angesichts der besorgten, aber auch vieler abgestumpfter Mienen war er sich darüber im Klaren, dass noch eine lange Wegstrecke vor ihm lag und es durchaus nicht sicher war, dass er sie bewältigen würde.

»Ich muss mit einer Entschuldigung anfangen«, sagte er in einem Ton, der von Herzen kam, und schaute mit festem Blick um sich.

Etliche Augenpaare, die bis dahin nach unten oder in die Ferne gesehen hatten, waren plötzlich auf ihn gerichtet. Das Wort »Entschuldigung« hatte bisher noch keiner aus Matts Mund vernommen. War er etwa im Begriff, seinen Job zu kündigen? Oder musste er eine unangenehme Mitteilung machen?

»Ich hatte diese Woche Gelegenheit, über viele Dinge nachzudenken, und mir ist dabei klar geworden, dass ich für euch weder ein guter Vorgesetzter gewesen bin noch ein guter Kollege. Nicht im Entferntesten.«

Jetzt war Matt die Aufmerksamkeit aller sicher. Und wenn auch nicht jeder geneigt war, Milde walten zu lassen, so teilten wenigstens alle seine Meinung.

»Ich will versuchen, alles wieder in Ordnung zu bringen, aber das kann ich nicht ohne eure Hilfe. Und deshalb hätte ich gern eine neue Chance, sofern ihr damit einverstanden seid.« Matt machte einer kurze Pause. »Ich weiß, ich habe es nicht verdient«, sagte er leise, »aber ich wäre euch sehr dankbar, wenn ihr mit mir gemeinsam einen neuen Anlauf nehmen würdet.«

»Unbedingt!«, kam es vom anderen Ende des Tischs. Es war Randy – das Teammitglied, von dem er es am wenigsten erwartet hätte. »Ich bin dabei«, stimmte Deb mit ein. Molly dagegen blickte finster zur Seite, sie schien ihm kein Wort zu glauben. Andere aus der Abteilung schlossen sich den positiven Stimmen an, manche wirkten dabei ehrlich, andere waren weniger überzeugend. Matt registrierte die unterschiedlichen Reaktionen und fand, er sei noch relativ gut weggekommen.

Randy lehnte sich steif in seinem Stuhl zurück, faltete die Hände und fragte: »Also, woran haben Sie gedacht, Chef?«

Matt breitete sein neues Wissen vor ihnen aus und je länger er redete, desto größer wurde das Interesse der Gruppe. Matt schrieb auf die Tafel, was er über Zielverwirklichungs-Teams und die Engagement-Formel gelernt hatte. Er wies auf die drei Fähigkeiten in der Formel hin und ging mit ihnen das Arbeitsheft zur Planung von Engagement durch, das er selbst erst kurz vor seiner Abreise von der Ranch bekommen hatte. Er gab sich alle Mühe, ihnen auseinanderzusetzen, dass die Parole »vom Nullpunkt starten« heißen müsse und dass sich im Laufe der Arbeit – von den ersten Projekt-Beschreibungen bis hin zu Bewertungen und Belohnungen – eine Verlässlichkeit aufbauen würde.

Das Ganze war für ihn wie für sein Team eine völlig neue Erfahrung, doch als er Freiraum für Entdeckungen und Meinungsaustausch, gegenseitiges Geben und Nehmen in Aussicht stellte, merkte er, dass der Energiepegel im Raum stieg. Als Matt dann noch konkrete Beispiele seines eigenen Führungsverhaltens heranzog, an denen seine Fehler und Versäumnisse abzulesen waren – zum Beispiel, wie er Vertrauen untergraben oder betriebliche Störfälle verursacht hatte, die der Gruppe geschadet hatten und sie mutlos werden ließen –, da war ihm schließlich die volle Aufmerksamkeit jedes Einzelnen sicher. Mollys Miene ließ zwar erkennen, dass sie dem Ganzen vorläufig noch abwartend gegenüberstand, doch Matt betrachtete das schon als ein echtes Zeichen des Fortschritts.

Randy machte den Vorschlag, die Engagement-Formel als Pilotprojekt auszuprobieren – also eine ihrer neueren Initiativen zu nehmen und das ganze Projekt unter Verwendung des Arbeitshefts zu planen und es dann unter genauer Beachtung des neuen Modells durchzuführen.

»Wie wäre es, wenn wir gleich zwei Pilotprojekte machten?«, fragte Deb. Alle Köpfe wandten sich ihr zu. »Sie haben uns doch wegen Sara Jarrel angerufen«, erklärte sie. »Wäre es nicht logisch, wenn wir das Projekt, das wir für sie machen, unter Verwendung dieser Instrumente ausarbeiten würden? Schließlich arbeitet sie selbst auch schon damit.«

Danach berichtete Matt seinem Team auch von einigen ganz persönlichen Aspekten seines Trips, wobei er sich immer mehr in Begeisterung hineinsteigerte. Die Tatsache, dass ihn seine Erlebnisse so tief berührt hatten, half wiederum seinen Mitarbeitern in Bezug auf die Gefühle, die sie ihm gegenüber hegten. Er erzählte von Sara und John, von Davids Sohn Johnny und von Tyler. Er sagte auch, dass Alice beschlossen habe, zwei Tage länger dort zu bleiben, und dass er nervös sei – nein, schreckliche Angst habe –, was als nächstes passieren werde. Würde Alice sich am Ende für ein Nein entscheiden? Der Gedanke war unerträglich. Oder würde sie der Meinung sein, es ginge? Er hatte nicht die geringste Ahnung, wie ihr gemeinsames Leben mit einem neunjährigen Sohn aussehen könnte. Er sprach auch von den Hoffnungen, die er mit dem Besuch des ganzen Teams im nächsten Monat auf der High Summit Ranch verband; dass es sowohl darum ginge, ihre Arbeit zu fördern, als auch darum, Saras Team zu helfen.

Am Ende des Meetings beschloss Matts Team, gleich am nächsten Morgen wieder zusammenzukommen, um eine Mini-Tagung abzuhalten.

Der nächste Tag begann dramatisch. Nachdem die lockeren Gespräche weitgehend verstummt waren, hielt Matt wieder eine Ansprache an sein Team.

»Ich danke euch, dass ihr euch die Zeit hierfür genommen habt«, fing er an. »Ich verspreche euch, dass unsere heutige Zusammenkunft interessant wird. Randy?«, fragte er und ein kleines Lächeln spielte um seine Mundwinkel. »Möchten Sie das übernehmen?«

»Folgen Sie mir bitte nach draußen«, sagte dieser, sprang vom Stuhl auf und ging zur Tür. Randy und Matt waren am Vorabend noch nach der Arbeit im Büro geblieben und hatten – auf Randys Vorschlag hin – geredet. Am Schluss hatten sie überlegt, wie sie am folgenden Tag, wenn die Abteilung sich wieder traf, vorgehen sollten. Randy führte seine Kollegen jetzt nicht zur Vorderseite des Gebäudes, sondern zum Hintereingang zu den Laderampen im Hof, wo sich ihnen der Anblick von lauter säuberlich aufgeschichteten, hüfthohen Papierstapeln in der Mitte der Versorgungsdurchfahrt bot.

Während sich alle verwundert umblickten, nahm Matt wieder das Wort. »Wenn Sie genauer hinsehen, dann können Sie erkennen, dass es sich bei den Stapeln um die derzeitigen Strategiepläne und Budgets unserer Abteilung handelt.«

Schon blickte so mancher ängstlich bei dem Gedanken, womöglich noch einmal den ganzen Kram durchgehen zu müssen.

»Randy, Sie haben an einem Großteil dieser Sachen mitgearbeitet. Könnten Sie uns vorführen, worum es bei unserer ersten Aufgabe geht?«

»Aber gern«, erwiderte Randy. Und damit nahm er einen großen Stoß Papier und wuchtete ihn in einen der glänzenden Stahlcontainer, die in einer Reihe hinter dem Gebäude standen. Matt war sofort mit einem eigenen Papierstapel dabei. »Macht's euch was aus, uns zu helfen?«, wandte sich Randy mit gespieltem Ernst an die überraschten Kollegen. »Das Zeug ist nämlich schwer.«

Mehr brauchte er nicht zu sagen. Ausgelassen begab sich das Team an die Arbeit und hatte bereits nach wenigen Augenblicken das gesamte Material – Symbol ihrer mittelmäßigen Arbeitsleistung – gemeinsam aufgeklaubt und in den Containern versenkt.

»Kommt alle mal her, Leute«, forderte Randy den Rest des Teams auf. »Wir haben was zu feiern. Wir feiern unseren gemeinsamen Entschluss, die Vergangenheit hinter uns zu lassen und zusammen die Zukunft aufzubauen.«

Unter den Augen mehrerer leicht beunruhigter Zuschauer – es handelte sich um Sicherheitsleute, die aus dem Lumina-Gebäude nach draußen gekommen waren, um zu sehen, was los war, um bei der Gelegenheit schnell eine Zigarette zu rauchen – versammelte Matt sein Team im Halbkreis um den Müllcontainer in der Durchfahrt. Kichern und Gelächter wurden laut, als einige der Frauen vorschlugen, sich einzuhaken, doch schließlich bildete das Team – teils etwas peinlich berührt – eine Menschenkette um den Container herum, als ob sie sich zu einem religiösen Ritual um ein heiliges Symbol versammeln würden.

»Die haben doch ne Meise ...«, ertönte es so laut, dass die Gruppe es über dem allgemeinen Lachen und Rufen gerade noch hören konnte. Einer der Sicherheitsleute hatte die Worte lauter als beabsichtigt gesagt, während er einen noch längeren und zum größten Teil noch weniger höflichen Kommentar gegenüber einem anderen Zuschauer abgab.

»Heute ist Party-Tag, Freunde!«, verkündete Matt. »Und dies ist unser erstes Fest. Was für ein Motto soll es bekommen?«

»Weg mit dem Zeug, das es nicht gebracht hat!«, schlug jemand vor. »Wir haben's versucht, es hat nicht funktioniert, wir machen weiter!«, rief jemand anders. »Der alte Matt ist tot! Lang lebe Matt!«, schrie ein anderer und dieser etwas gewagtere Vorschlag löste bei der Gruppe ein hemmungsloses Gelächter aus, dem sich Matt gern anschloss.

Das kleine Handhalte-Ritual löste sich wieder auf und die Teammitglieder fanden sich zu kleinen Grüppchen zusammen und schwatzten miteinander wie bei einer Cocktailparty. Matt sah das Team mit ganz neuen Augen. Ja, es würde alles darauf ankommen, was sie miteinander zustande brächten und was sie gemeinsam lernen würden. Sein Beitrag waren Vision und Fantasie; schließlich wusste er, dass er aus diesem Grund vor einigen Jahren für die höhere Ebene ausgesucht worden war. Aber in diesem Kreis hier, das erkannte er jetzt, befanden sich die starken Kräfte, Möglichkeiten in Realität umzusetzen. Und wenn er recht zu würdigen wüsste, welches Potenzial er hier in diesem Kreis fand, wenn er den Mut hätte, auf sein Kontrollbedürfnis zu verzichten und allen genügend Freiraum einzuräumen, den Prozess zu ihrem eigenen zu machen, dann wäre alles möglich. Gutes könnte sich entwickeln.

Matt dachte an die Vision zurück, die er vor kaum zwei Wochen gehabt hatte, die Vision seines Mentors, der ihm aus seinem Spiegelbild auf dem Konferenztisch entgegenblickte. *Dies ist nicht das Ende, Matt,* hatte er David sagen hören, mit Humor und Hoffnung in der Stimme. *Es ist ein Anfang.*

Matt fiel auch der Traum wieder ein, aus dem er in der ersten Nacht auf der Ranch aufgeschreckt war. Er hatte gedacht, das Weinen eines verloren gegangenen Sohnes zu hören. Und in seiner zweiten aufgewühlten Nacht hatte er erfahren, dass es zum Teil seine eigene Stimme gewesen war, die er gehört hatte. Er selbst war es gewesen, der sich einsam und verloren vorkam und der die Verbindung zu seinen Hoffnungen, seinem Lebensziel und allem, was er am meisten liebte, verloren hatte.

Es ist ebenso seltsam wie wunderbar, dachte Matt. In seinem Leben war ab jetzt alles völlig ungewiss. Er wusste nicht, wie sich alles entwickeln würde und was sein Team unter seiner Führung erreichen könnte, ebenso wenig wusste er, was Alice wohl heute, auf ihrem Rückflug zu ihm, dachte oder was der nächste Tag für ihn bereithielte. Matt lächelte, als er daran dachte, wie offen und unbekannt seine Zukunft geworden war, und er lächelte weiter, während er beobachtete, mit welchem Vergnügen und Wohlwollen seine Leute miteinander redeten, wie Freunde, die sich nach der Arbeit in einem Pub trafen. Er lächelte, weil er erkannte, dass er nicht mehr allein war und dass er – allen Ungewissheiten zum Trotz – auch nicht verloren war.

Matt James sah aus dem Augenwinkel noch den wütenden Blick des Security Officers, als er zu schnell auf Alice zuging – nein, er rannte ihr entgegen, als sie durch die Sicherheitsschranke am Flughafen La Guardia kam. Als nächstes hielten sie einander fest umschlungen.

»Ich bin so froh, dass ich dich wieder habe, Alice«, sagte Matt ihr leise ins Ohr. Er war sich bewusst, dass gleich über den Verlauf seiner Zukunft entschieden werden würde, er empfand die ungeheure Bedeutung dieses Augenblicks, aber er war mit sich im Reinen. Er hatte Alice. Die Zukunft war in diesem Augenblick noch unbekannt. Und alles war gut.

Alice reagierte, indem sie ihn noch enger an sich drückte; dann lehnte sie sich so weit zurück, dass sie ihrem Mann in die

Augen sehen konnte. In Matts Augen standen Tränen und sein Gesicht spiegelte seine Bewegtheit wider. Auch sie hatte Tränen in den Augen. Sie fühlte noch einmal all die Traurigkeit und den Kummer der Jahre, in denen sie sich auseinandergelebt hatten, und genoss das Wiedererwachen von Nähe und Liebe. Sie lächelte ihren Mann an und zwinkerte den Tränenschleier fort, um ihn besser zu sehen und ihn sehen zu lassen, was in ihren Augen zu lesen stand.

»Ich habe Neuigkeiten für dich, Matt«, sagte Alice.

V x 3A = E
Engagement-Formel

V (die Wort-Tat-Kluft schließen)

Vertrauen (Glaubwürdigkeit der Führungskraft)

3 A (die Geld-Sinn-Kluft schließen)

Aufgabe stellen (Vorbereitungsphase – Klarheit)

Brachliegendes Potenzial: Pläne, Stärken, Rollen

Lernziel: Die vorhandenen Gaben annehmen

Anpacken (Durchführungsphase – Beständigkeit)

Routine-Prozess: Innovationen vornehmen, scannen, anpassen, den Überblick behalten, sich den Umständen anpassen

Lernziel: Loslassen, was nicht funktioniert

Applaudieren (Bewertungsphase – Feiern)

Reales Ergebnis: Bewerten, belohnen, (neu) vorbereiten

Lernziel: Sich an jedem Gewinn erfreuen,
sei er groß oder klein

E (Die Kluft zwischen Arbeiten und Leben schließen)

Engagement (die Unternehmenskultur)

So tun Sie den nächsten Schritt

Näheres zu unentgeltlichen Instrumenten zur Zielerreichung (Goal Achievement Work Tools) oder über ein für Führungskräfte bestimmtes Journal zur Zielerreichung (Goal Achievement Leaders Journal), das auf den in diesem Buch vertretenen Prinzipien und Ideen beruht, finden Sie unter

www.tenthousandhorses.com

Saras Arbeitsbuch, das *Goal Achievement Journal* sowie Planungsinstrumente und Übungen, in denen die Engagement-Formel V x 3A = E verwendet wird, ermöglichen Ihnen, Ihre Ziele und Vorstellungen in klare Teampläne sowie Systeme zur Durchführung und zur Bewertung umzusetzen.

Um zusätzliche Hilfsquellen bezüglich Kindern, Pferden und Adoptionen zu finden, gehen Sie zu

www.tenthousandhorses.com/adoption

Zu den Autoren

John Stahl-Wert, D.Min, arbeitet für Organisationen zur Ausbildung von Führungspersönlichkeiten, die die besten Seiten ihrer Untergebenen zum Vorschein bringen. John stellt für leitende Angestellte und Manager in aller Welt programmatische Grundgedanken zusammen, die sich mit der Idee des Dienens in der Führungsspitze, Mitarbeiterleistung und Verbesserung von Führungsqualitäten befassen. In seiner Tätigkeit als CEO steht John der *Pittsburgh Leadership Foundation* vor, in der er und seine Mitarbeiter unternehmerisch und betriebswirtschaftlich ausgerichtete Ansätze auf gesellschaftliche Veränderungen anwenden und die in über fünfzig amerikanischen Städten Nachahmer fand. Zusammen mit Ken Jennings schrieb John den in acht Sprachen veröffentlichten internationalen Bestseller *Dienen lernen im Leadership – Mit fünf Grundsätzen zum »Serving Leader«*. Sie erreichen ihn unter john@johnsthlwert.com.

Ken Jennings, Ph.D., legt den Schwerpunkt seiner Tätigkeit auf die Arbeit mit Führungskräften, denen er dabei hilft, sich als Coaches zu profilieren und zielorientiert zu führen. Bei *Third River Partners* ist er Berater zum Thema »Team-Entwicklung während der Arbeit an bahnbrechenden, schwierigen Projekten«. Als Absolvent der United States Air Force Academy und der Purdue University arbeitet Ken mit dem Topmanagement führender globaler Unternehmen zusammen, um innovative Ansätze zu betrieblicher Effektivität und der Ausbildung von Führungskräften anzuwenden. Er ist Koautor von »Changing Health Care« und hat gemeinsam mit John Stahl-Wert den internationalen Bestseller *Dienen lernen im Leadership – Mit fünf Grundsätzen zum »Serving Leader«* geschrieben. Sie erreichen ihn unter ken@3rd-river.com.

Danksagung

Als Erstes möchten wir dem tüchtigen Herausgeberteam bei Berrett-Koehler danken – Johanna Vondeling, Jeevan Sivasubramaniam und Steve Piersanti – für das Vergnügen, das es bereitet, wenn eine anspruchsvolle Arbeit gern getan wird. In Anlehnung an einen uralten Psalm könnte man es auch so ausdrücken: Bei Berrett-Koehler sieht man hohe Ansprüche sich mit freundlichem Zuspruch paaren, Strenge und Warmherzigkeit haben sich geküsst.

Sharon Goldinger von PeopleSpeak und Bev Butterfield von Girl of the West Productions kämmten noch einmal alle verwirrenden Knoten aus unserem Manuskript. Marcus Buckingham und die Gallup Organisation führten die Untersuchungen durch, die unser Verständnis vom Mitarbeiter-Engagement untermauern. Stan Geyer lehrte uns, wie »integritätsorientierte« Organisationen eine Kultur von echtem Engagement hervorbringen. Rick Wellock verdanken wir den Denkansatz, dass Menschen Fortschritte machen, wenn sie lernen, wie man annimmt, loslässt und sich über Erfolge freut. Die Innovationen in diesem Buch gründen sich auf die Vorarbeit dieser Kollegen.

Die Redakteure machten das Buch noch besser. Dank an Jim »Gus« Gustafson, Philip Heller, John Hirt, Karen Kramer Horning, Harry Howell, Jeff Icenhower, Janie Jeffers, Jeffrey Kulick, Patrick Ogburn, Barbara Schultz und Karen Sussman für deren exzellente Kniffe, Anregungen, Warnungen und ihr Lob.

Scott Beilke, Bruce Bickel, Kirk Botula, Donna Brighton, Bonnie Budzowski, Lois Creamer, Sam Deep, Jim Dittmar, Darrin Grove, Glenn Main III, Diane Miller, Jerry McNellis, Abut Noaman, Raji Sankar, Randhir Setthi, Lisa Slayton, Roger Slayton, Bridget Snebold und Joanne Spence steuerten Ideen, Ratschläge, Fantasie, Planung und Ermutigung und eine anhaltende Begeisterung für dieses Projekt bei. Danke.

Matthew und David Jennings verdienen besonderen Dank für ihre Hilfe im kritischen Frühstadium des Schreibens und Redigierens. Hut ab, Matt und David.

Emma und Clara Stahl-Wert, David, Matthew und Sara Jennings und Conner Mendenhall – unsere Kinder – waren während der Arbeit an diesem Buch ständig in unseren Gedanken.

Alles Liebe an Milonica Stahl-Wert und Heather Hyde Jennings, die mit uns Arbeit und Arbeitsfreude teilen.

Und schließlich danken wir Gott. Diese Geschichte über Menschenführer und Kinder ist seine Geschichte; das Gute darin ist von ihm, so wie alles Gute.

Doch was immer an diesem Buch nicht stimmt, geht auf unser Konto. Und das ist nichts Neues.

GABAL **Bestseller von Stephen R. Covey und Sean Covey**

Bücher

Stephen R. Covey
Die 7 Wege zur Effektivität
368 Seiten
ISBN 978-3-89749-573-9

Stephen R. Covey
Der 8. Weg
432 Seiten
ISBN 978-3-89749-574-6

Sean Covey
Die 7 Wege zur Effektivität für Jungendliche
352 Seiten
ISBN 978-3-89749-663-7

Stephen R. Covey
Die 7 Wege zur Effektivität für Familien
ca. 400 Seiten
ISBN 978-3-89749-728-3

Hörbücher

Stephen R. Covey
Der 8. Weg
12 CDs,
Laufzeit ca. 840 Minuten
Box, ungekürzt
ISBN 978-3-89749-688-0

Stephen R. Covey
Die 7 Wege zur Effektivität
10 CDs,
Laufzeit ca. 690 Minuten
Box, ungekürzt
ISBN 978-3-89749-624-8

Kartenset

Stephen R. Covey
Die 7 Wege zur Effektivität
Kartendeck mit 50 Karten
ISBN 978-3-89749-662-0

Viele Managementmoden und -trends kommen und gehen – Coveys Prinzipien sind durch ihre Klarheit, Einfachheit und Universalität aktueller denn je.

Informationen über weitere Titel unseres Verlagsprogrammes erhalten Sie in Ihrer Buchhandlung, unter **info@gabal-verlag.de** oder **www.gabal-shop.de.**

7-040

GABAL In 30 Minuten wissen Sie mehr

30 Minuten
für Business Qigong
80 Seiten
ISBN 978-3-89749-582-1

30 Minuten
Zeitmanagement für Chaoten
80 Seiten
ISBN 978-3-89749-040-6

30 Minuten
für gutes Schreiben
80 Seiten
ISBN 978-3-89749-477-0

30 Minuten
für Kreativitätstechniken
80 Seiten
ISBN 978-3-89749-512-8

30 Minuten
für professionelles Moderieren
80 Seiten
ISBN 978-3-89749-043-7

30 Minuten
für eine gezielte Fragetechnik
80 Seiten
ISBN 978-3-89749-340-7

30 Minuten
für die OnePage®-Methode
80 Seiten
ISBN 978-3-89749-714-6

30 Minuten
für erfolgreiches Projektmanagement
80 Seiten
ISBN 978-3-89749-717-7

30 Minuten
Service ist das Zauberwort des Erfolgs
80 Seiten
ISBN 978-3-89749-718-4

30 Minuten
für mehr Mitarbeitervertrauen
80 Seiten
ISBN 978-3-89749-719-1

30 Minuten
Körpersprache verstehen
80 Seiten
ISBN 978-3-89749-716-0

30 Minuten
für professionelles Online-Marketing
80 Seiten
ISBN 978-3-89749-715-3

Informationen über weitere Titel unseres Verlagsprogrammes erhalten Sie in Ihrer Buchhandlung, unter **info@gabal-verlag.de** oder **www.gabal-shop.de.**

7-069